U0156757

趣味物理学

[苏]雅科夫·伊西达洛维奇·别莱利曼　原著

阳曦　译

云南美术出版社

果麦文化 出品

目 录

作者序

  这本书的目标不是介绍新的知识，而是帮助你了解"自己已经知道的东西"。换句话说，我想刷新你的物理学基础认知，使之变得生动，并教你学会运用这些知识的各种方式。为了完成这一目标，我写了很多趣味问题、脑筋急转弯、奇闻轶事、好玩的实验、悖论和出乎意料的类比——这些来自日常世界和科幻作品的内容都和物理有关。我相信，科幻小说最适合出现在这样的书里，所以我大量引用了儒勒·凡尔纳、H. G. 威尔斯、马克·吐温和其他作家的作品，因为除了供人消遣以外，这些作家描绘的幻想实验很适合作为物理课上的绝佳案例。

  我竭尽全力，试图激发读者的兴趣，勾起你们的好奇心，因为我相信，你对某样东西越有兴趣，就越愿意去深入钻研它，也越容易理解它的含义——从而获取更多的知识。

  不过，我也大胆地挑战了人们写这类书籍时惯用的手法，所以你会发现，这本书里几乎没有那些助兴的小把戏和令人印象深刻的实验。我的目标和他们不一样，我主要希望你能从物理学的角度沿着科学的脉络思考，将物理学知识与日常事物紧密联系在一起。我一直试图按照列宁提出的原则重新撰写原来的版本："科普作家引领读者从基础的通识出发，走向深刻的思想和严肃的研究，他通过简单的讨论或显著的案例，介绍根据这些事实得出的主要结论，激发读者不断提出更新的问题。科普作家不应预设读者不思考，或者不能、不愿思考。恰恰相反，他应该预设潜在的读者热切地希望开动大脑，并通过自己认真艰苦的工作辅助、引导对方迈出最初的几步，教会他继续独立前行。"（《列宁选集》，第5卷，第311页，莫斯科，1961。）

自本书出版以后，人们一直对它兴趣浓厚，因此请容许我简单介绍一下它的主要"履历"。

《趣味物理学》首次问世于1911年，它是本书作者撰写的第一本此类书籍，现在他的作品家族已经相当庞大。截至目前，这本书——包括原版和续编——在俄罗斯的总印数已经达到了200000本。考虑到这本书常被摆放在公共图书馆的书架上，每本都有几十个人读过，我敢说，它拥有数百万读者。我收到过来自最偏远角落的读者来信。

1925年，本书的乌克兰语版本出版，德语版和意第绪语版问世于1931年。德国还出版过一个缩写本。本书的摘要被翻译成法语在瑞士和比利时发行，巴勒斯坦也出版过希伯来语的摘要。

它的流行证明了公众对物理学的强烈兴趣，也使我不得不特别注意维护它的水准，所以我才会在历次重印时做出大量修改和补充。25年来，这本书一直在不断修订，目前最新的版本里初版所占据的内容还不到一半，而且没有任何一张插图来自第一版。

有人请求我不要再修订这本书，因为他们不想被迫"为了十几页的新内容买新版本"。但我认为，从各个角度不断改进本书是我的义务，这方面的考虑并不能免除这份义务。归根结底，《趣味物理学》不是虚构类书籍，它是一本科学书籍——哪怕只是普及性质的——它涉及的领域，即物理学的基础知识每天都在变得更丰富。我必须把这些内容纳入考量。

此外，因为没有在本书中讨论无线电工程学的最新进展、核裂变、现代理论之类的问题，我不止一次地遭受指责。这里面有点误会。本书的目标十分明确，这些问题应该留给别的书去讨论。

除了本书的续编以外，《趣味物理学》和我的其他一些书也有关联。其中一本是《一步步学物理》，这本书是为那些没有系统学习过物理的门外汉准备的。相比之下，另外两本的目标读者则是上过中学物理课的人，它们分别是《趣味力学》和《你了解物理吗？》，后者是本书的续编。

别莱利曼

（摘自第13版）

1

第一章

速率和速度 运动的构成

我们的速度有多快?

优秀的运动员大约能在3分50秒内跑完1500米——1958年的世界纪录是3分36.8秒。[①]普通人的步行速度通常是每秒1.5米左右。如果将运动员的速度换算成同样的单位,我们会发现他每秒能跑7米,但严格来说,这两个数据不具备可比性。你能以每小时5千米的速度走上好几个小时,但跑步运动员的速度只能维持很短的一段时间。急行军时,步兵前进的速度只有运动员的1/3,也就是每秒2米或者每小时7千米出头,但他们能走的距离比运动员远得多。

我敢说,如果把正常的步行速度和以慢著称的蜗牛或乌龟的"速度"放到一起来比较,你肯定会觉得这件事很妙。蜗牛慢得名副其实:它每秒只能移动1.5毫米,或者说每小时5.4米——

---

① 截至2020年10月,1500米跑的最新世界纪录是3分26秒。——译注(以下如无特别注明,均为译注)

6

正好比你的速度慢1000倍。另一种以慢著称的动物也没比它快多少：乌龟的正常移动速度是每小时70米。

虽然我们比蜗牛和乌龟敏捷，但要是跟周围常见的某些运动物一比——哪怕不跟最快的比——你会发现自己的速度完全算不上什么。的确，你很容易就能比平原上的大多数河流跑得快，温和的风也只比你快一点儿。但对你来说，苍蝇是个有力的竞争对手，它的速度能达到每秒5米，你只有靠滑雪才能跟它打个平手。哪怕骑着一匹飞奔的马儿，你也追不上野兔和猎狗；要是你想跟鹰较量一番，那只能坐飞机。

不过，在速度的赛场上，人类凭借自己发明的机器独占鳌头。不久前，一艘航速可达每小时60至70千米的客运水翼船在苏联下水了（图1）。陆地上的火车和汽车跑得比船还快——它们的最高时速可达200千米（图2）[①]。现代飞机的速度比这还要快

图1　客运水翼船

[①] 截至2020年10月，汽车的最高时速约为490千米，磁悬浮列车的时速可达603千米。

图2　新型轿车吉尔–111

图3　图–104飞机

得多。苏联的很多航线采用图–104（图3）和图–114大型喷气机，它们的速度大约是每小时800千米。不久前，飞机设计师开始试图突破"音障"，因为他们想造出比声音还快的飞机，即每秒330米，或者说每小时1200千米以上。时至今日，这个目标已经达成。我们造出了一些虽然小但速度非常快的超音速喷气机，它们的最高速度可达每小时2000千米。

　　还有一些人造交通工具能达到更快的速度。苏联第一颗卫星"斯普特尼克号"的初始发射速度大约是每秒8千米。后来苏联的太空火箭又达到了所谓的"逃逸"速度——每秒11.2千米的地面速度。

下面这张表列出了一些有趣的速度数据。

蜗牛	约1.5毫米/秒 或 5米/小时
乌龟	约20毫米/秒 或 70米/小时
鱼	约1米/秒 或 3.5千米/小时
行人	约1.4米/秒 或 5千米/小时
骑兵，缓步	约1.7米/秒 或 6千米/小时
骑兵，小跑	约3.5米/秒 或 12.6千米/小时
苍蝇	约5米/秒 或 18千米/小时
滑雪者	约5米/秒 或 18千米/小时
骑兵，疾驰	约8.5米/秒 或 30千米/小时
水翼船	约16米/秒 或 58千米/小时
野兔	约18米/秒 或 65千米/小时
鹰	约24米/秒 或 86千米/小时
猎狗	约25米/秒 或 90千米/小时
火车	约28米/秒 或 100千米/小时
ZIL-111轿车	约50米/秒 或 170千米/小时
跑车（速度纪录）	约174米/秒 或 633千米/小时
图-104喷气机	约220米/秒 或 800千米/小时
空气中的音速	约330米/秒 或 1200千米/小时
超音速飞机	约550米/秒 或 2000千米/小时
地球的轨道速度	约30000米/秒 或 108000千米/小时

逆时间而行

一个人能不能早上8点坐飞机从符拉迪沃斯托克（海参崴）出发，并于同一天早上8点在莫斯科着陆？

我没疯。这事儿真的能做到。问题的关键在于符拉迪沃斯托克和莫斯科之间有9个小时的时差。如果我们的飞机能在这9个小时内从第一座城市飞到第二座城市，那么它在莫斯科着陆的时间应该和它从符拉迪沃斯托克出发的时间完全相同。考虑到这两座城市之间的距离大约是9000千米，那我们必须以9000/9=1000千米/小时的速度飞行，在今天，这是一个相当可行的计划。

如果是在北极的高纬度地区，"跑过太阳"（确切地说，是跑过地球）需要的速度比这慢得多。在北纬77度的新地岛上，一架飞机只需要达到450千米左右的时速，单位时间内它在地面上空飞过的路程就差不多等于地球在同样的时间内自转的距离。坐在这样一架飞机上，你会觉得太阳纹丝不动地悬停在半空中，永远不会下沉，当然，前提是你别飞错方向。

"跑过绕地球公转的月球"则是一件更容易的事。月球绕地球公转一圈比地球自转一圈花费的时间要多29倍（我们在这里比较的自然是所谓的"角速度"，而不是线速度）。所以哪怕是在中纬度地区，任何一艘航速为15至18节（1节等于每小时1海里，即每小时行驶1.852千米）的蒸汽船都能"跑过月球"。

马克·吐温在《憨人国外旅游记》里提到过这一点。书中的角色坐船从纽约横跨大西洋前往亚速尔群岛："……夏日的天气十分宜人，夜晚甚至比白天更舒适。每天晚上，我们都看到一轮满月高挂在空中的同一个位置。起初我们并未想到月亮的表现为何如此奇怪，直到后来，我们才反应过来，因为我们正在快速向东航行，所以每天我们都会得到差不多20分钟的额外时间——恰好能跟上月亮的步伐。"

一秒的千分之一

对我们人类来说，一秒的千分之一短得可以忽略不计。直到最近，我们才开始在实际工作中接触到这么短的时间跨度。过去的人们靠太阳在天空中的位置或影子的长度来度量时间（图4），那时候他们连"分钟"都不在乎，甚至觉得这么短的时间根本不值得测量。古人的生活节奏如此缓慢，他们的计时工具——日晷、沙漏，诸如此类——根本没有"分钟"这个单位（图5）。直到18世纪初，"分钟"才第一次出现，而"秒"的问世迄今（至本书成书年代）也不到150年。

不过，说回千分之一秒，你觉得这么短的时间里能发生什么事？其实，相当多！是的，一列普通的火车在千分之一秒内只能开3厘米，但声音能跑33厘米，飞机能飞差不多半米，绕太阳公转的地球能在轨道上行进30米，光则能跨越300千米的漫

图4 如何测量时间——根据太阳的位置（左），根据影子的长度（右）

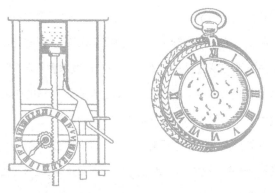

图5 一座古代水钟（左）和一块老怀表（右）。请注意，它们都没有分针

长旅途。我们身边的微生物绝不会认为千分之一秒短得不值一提——当然前提是它们能思考。对昆虫来说，千分之一秒是个切实可感的时间跨度。蚊子每秒振翅500至600次，因此，在千

分之一秒的时间里，它可以举起或放下一次翅膀。

我们移动肢体的速度肯定比不上昆虫。人类能做到的最快的事是眨眼。眨眼的速度如此之快，我们甚至不会注意到这一过程中视野受到的遮蔽。但很少有人知道，如果以千分之一秒为单位来衡量"一眨眼的时间"——人们常用这个短语来形容极快的事物——其实相当漫长。精确的测量表明，一次完整的眨眼平均需要0.4秒，也就是400个千分之一秒。这个过程可以分为以下几个阶段：第一步，眼睑落下需要耗费75至90个千分之一秒；第二步，合上的眼睑会休息片刻，差不多是130至170个千分之一秒；第三步，抬起眼睑大约需要170个千分之一秒。

如你所见，"一眨眼"其实是一段相当长的时间，在这个过程中，眼睑甚至能休息片刻。想象一下，如果我们能以千分之一秒的精度拍摄画面，你就会发现，"眨眼"的过程由眼睑的两次平滑运动组成，中间还有一段休息时间。

大体来说，这样的视角将彻底改变你看待周围世界的方式，你会看到 H. G. 威尔斯在《新型加速剂》里描述的奇景。这个故事讲的是一个人喝了一种奇怪的液体，于是在他眼里，各种快速的运动都被分解成了一系列独立的静止现象。下面我们引用其中的几段：

"你以前见过窗帘这样悬停在半空中吗？"

我顺着他的视线，看见窗帘的一角高高扬起，静止在空气中，就像被微风吹起一样。

"没有，"我说，"这真奇怪。"

"还有这里。"他一边说，一边松开握着玻璃杯的手。我下意识地退后一步，以为杯子会摔得粉碎。但它不仅没有摔碎，反而纹丝不动地停在了空中。"大体来说，"吉伯恩表示，"这个高度的物体在第一秒会下坠5米，所以现在，杯子正在以这个速度坠落。只是如你所见，在第一个百分之一秒内，它还没有开始下坠。"[请注意，在开始下坠的第一个百分之一秒内，物体——即这个案例中的玻璃杯——运动的距离并不是5米的百分之一，而是万分之一（根据公式 $S=1/2gt^2$），也就是0.5毫米而已。而在第一个千分之一秒内，它移动的距离只有0.01毫米。]

"这能让你初步认识到我的加速剂有多强大。"他的手绕着缓缓下坠的玻璃杯挥了一圈又一圈。

最后，他托住玻璃杯底，小心翼翼地把它放回了桌上。"如何？"他笑着问我……

我望向窗外。一位自行车手低着头坐在车上，车轮后扬起一阵静止的尘埃，他正在追赶一辆同样不动的飞驰的观光车……

我们穿过大门来到公路上，细细查看雕像般的过往车辆。观光车的车轮顶部、拉车的马的某几条腿、马鞭末梢和售票员（他刚开始打呵欠）的下颌能看得出来在动，但这辆行动迟缓的车的其余部分似乎完全静止。除了某个男人喉咙里发出的细碎颤声以外，整个场景几乎鸦雀无声！要知道，这座庞大的"雕塑"里有一名司机、一位售票员和十一位乘客……

一位紫色脸庞的矮个子先生迎着风试图把手里的报纸叠好，他就这样僵在原地。很多迹象表明，这些慢吞吞的人们正经受着大风的吹拂，但我们却感觉不到风的存在……

从那玩意儿在我的血液中起效以后，我所说所想所为，以及那些人和周围的世界所经历的一切，都发生在一眨眼的时间里……

你想知道如今科学家能够测量的最短时间跨度是多少吗？在本世纪初，这个数据还只是万分之一秒，时至今日，物理学家已经能测量 10^{-11} 秒了，这个时间跨度与1秒之间的比值大约相当于1秒与3000年之比！ [①]

慢速摄像机

H. G. 威尔斯创作这个故事时大概全没有想过，自己的设想竟会成真，但他的确亲身见证了原本只存在于自己想象中的画面，这得感谢所谓的"慢速摄像机"。普通摄像机的拍摄速度是每秒24帧，慢速摄像机的帧数比这多得多。如果以每秒24帧的

---

① 此处所说"本世纪"是指20世纪。截至2020年底，科学家测得的最短的时间间隔为 2.47×10^{-19} 秒。

速度播放慢速摄像机拍摄的影片，你会看到屏幕上的事件发生的速度比平时慢得多——比如，跳高的动作看起来平滑得异乎寻常。更复杂的慢速摄像机能将 H. G. 威尔斯的幻想世界近乎完美地呈现出来。

我们什么时候绕太阳运动得更快？

巴黎的报纸曾经刊登过一则广告，号称能提供一种廉价而愉快的旅行方式，价钱只要25生丁^①。几个傻瓜真的给他们寄了这么多钱，结果这些人分别收到一封信，内容如下：

阁下，请安静地躺在床上，记住，地球在转动。在北纬49度线上——巴黎就在这个纬度上——你每天旅行的距离超过25000千米。如果你想看美丽的风景，请拉开窗帘，欣赏星空。

寄这封信的人被找了出来，并以诈骗的罪名遭到起诉。安静地听完判决并支付了被要求的罚款以后，这位罪犯摆了个戏剧化的姿势，郑重引用了伽利略的名言："它在转动。"

从某种程度上说，他是对的，归根结底，地球上的每一位

---

① 法郎的辅币，100生丁等于1法郎。

居民不仅随着地球的自转而"旅行"，还以更大的速度随地球一起绕太阳公转。这颗承载着人类和万物的行星每一秒都会在宇宙中移动30千米，同时绕地轴自转。所以的确存在一个并非毫无意义的问题：我们什么时候绕太阳运动得更快？是白天还是晚上？

有点困惑，是吧？说到底，地球永远有一半处于白天，另一半则是夜晚。不过，别急着怪我提了个傻问题。请注意，我问的不是地球本身的快慢，而是我们这些生活在地球上的人，什么时候在宇宙中运动得更快。这完全是另一回事。

我们在太阳系里做的运动有两种：一边绕太阳公转，一边绕地轴自转。这两种运动叠加的结果有时候并不相同，具体取决于你的位置到底处于向阳面还是属于夜晚的那面。

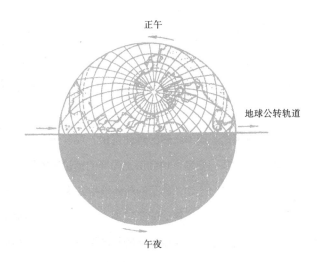

图6　夜晚面绕太阳运动的速度比向阳面快

图6表明，如果你所在的位置正值午夜，那么你的速度应该等于自转速度加公转速度，反过来说，正午位置的速度则等于公转速度减自转速度。因此，午夜时分，我们在太阳系中运动的速度比正午时快。由于赤道上任意一点因自转而产生的速度约为每秒0.5千米，所以午夜和正午的速度差最高可达每秒1千米。

擅长地理的人可以轻松算出，在北纬60度的彼得格勒（今圣彼得堡），这个速度差只有最大值的一半。彼得格勒人午夜时每秒在太阳系中运动的距离比正午时要快0.5千米。

车轮之谜

在马车或自行车的轮子边缘贴一段彩纸，然后观察车轮转动起来的效果。如果观察得够仔细，你会发现，彩纸在地面附近看起来相当显眼，在顶部却一闪而过，你甚至很难发现它的存在。

这是否说明轮子顶部比底部运动得快？观察一下转动的车轮靠上和靠下的辐条，你是否也会得出同样的结论？的确，靠上的辐条看起来简直融为一体，靠下的却还根根分明。

真正不可思议的是，转动的车轮顶部的运动速度的确比底部更快。而且，这种看起来难以置信的现象背后的解释其实相当简单。转动的车轮上的每一点都在同时做两种运动——一边绕轮轴旋转，一边随轮轴前进，就像地球一样。对轮子顶部和底部的点来说，这两种运动叠加的结果并不相同。轮子顶部的运动速度等于转动速度加平移速度，因为二者方向相同。而在轮子底部，由于车轮转动的方向与其前进方向相反，这里的运动速度等于平移速度减去转动速度。所以静止的观察者才会看到，轮子顶部的运动速度比底部快。

一个简单的实验可以方便地证明这一点。将一根棍子插在一台静止车辆的轮子旁，其方向垂直于轮轴。然后用煤块或粉笔在轮子边缘做两个记号——顶部和底部各一个。你的记号应该正好与棍子方向重合。现在，将这辆车往右推一点（图7），让轮轴朝着远离棍子的方向运动20到30厘米。然后观察两个记号的位移。你会发现，顶部的记号 A 移动的距离比底部的 B 远得多，后者几乎停在原地没动。

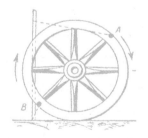

图7　比较转动的车轮（右）上点 A 和点 B 的位移，我们发现，
轮子的上半部分动得比下半部分快

轮子动得最慢的地方

我们已经看到，转动的车轮上不同位置的运动速度不尽相同。那么动得最慢的地方在哪儿呢？答案是接触地面的位置。严格说来，与地面接触的瞬间，这个点是完全静止的。不过这个说法只适用于正在滚动的轮子，固定轴上原地旋转的轮子就不是这样。比如说，飞轮上每个点的运动速度都完全相同。

脑筋急转弯

这里还有一个同样折磨人的问题。在一列从彼得格勒开往莫斯科的火车上，是否存在一个运动方向与火车前进方向相反的点？我们发现，这样的点的确存在。无论何时，你都能在这列火车的任何一个轮子上找到这样的点，它们就在车轮凸出的边缘（轮缘）底部。火车前进时，这些点会向后运动。下面的实验会告诉你这个现象背后的原理，你可以轻松地自己完成。用橡皮泥把一根火柴粘到一枚硬币上，让火柴沿着硬币直径向外伸出，如图8所示。将硬币和火柴一起竖着放到一根平置的直尺边缘，用拇指固定二者的接触点——C。然后来回滚动硬币。你会发现，火柴伸出部分的 F、E 和 D 点运动方向不是向前，而是向后。火柴末端的 D 点离硬币边缘最远，它向后运动的迹象也最明显（D

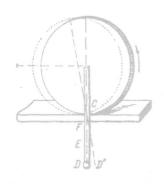

点移动到了 D'）。

　　火车轮缘上的点的运动情况也是这样。所以现在我告诉你，火车上的某些点不是向前运动的，而是向后，你不应该感到惊讶。的确，这种向后的运动持续的时间非常非常短，但在一列飞驰的

图8　硬币向左滚动，
火柴伸出部分的 F、E 和 D 点向右运动

图9　火车轮向左滚动，
轮缘下半部分转动方向与其相反

图10　上图：这条曲线（摆线）是滚动的车轮边缘的每一个点共同画出来的。
下图：这条曲线则是火车轮缘上的每一个点画出来的

火车上，除了我们习以为常的运动以外，的确还存在向后的运动。图9和图10解释了这种现象。

帆船从哪儿启航？

一只小船正在横渡一片湖泊。图11里的箭头 a 代表它的速度矢量。一只帆船从垂直方向向它驶来，箭头 b 代表它的速度矢量。帆船是从哪儿启航的？你立刻下意识地指向点 M，但小船上的人会给出另一个答案。这是为什么？

在他们看来，帆船的航向与小船航向并不垂直，因为他们没有

图11　帆船的航向与小船垂直。
箭头 a 和 b 分别代表它们的速度。小船上的人怎么看？

22

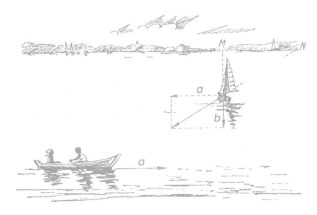

图12　小船上的人认为，帆船是斜着朝自己开过来的——从点 N 启航

意识到自己正在运动。他们觉得自己是静止的，周围的所有东西以船的航速朝反方向运动。从他们的视角看，帆船不仅沿着箭头 b 的方向运动，同时也沿着虚线 a 的方向运动——与他们自己的方向相反（图12）。帆船的这两种运动——相对于湖面的运动与相对于小船的运动——通过平行四边形法则叠加为一种，于是小船上的人认为，帆船实际上正沿着平行四边形的对角线运动，所以他们觉得帆船的启航点不是 M，而是离小船更远的点 N（图12）。

　　由于我们随地球一起在它的公转轨道上运动，所以我们看到的恒星的位置也是失真的——正如小船上的人会误判帆船的启航点。沿着地球公转的方向，我们看到的恒星位置比它们的实际位置更远。当然，相对于光速，地球的运动速度慢得不值一提（慢10000倍），因此，这种被称为光像差的恒星位移小得可以忽略不计。但在天文设备的帮助下，我们可以探测到它的存在。

你喜欢这个帆船问题吗？那么不妨再回答两个相关问题。第一，请思考：帆船上的人看到的小船运动方向是怎样的？第二，帆船上的人会觉得小船正驶向哪里？要回答这两个问题，你必须以箭头 a（图12）为基础画一个平行四边形，它的对角线会告诉你，在帆船上的人看来，小船是斜着开的，仿佛正驶向岸边。

拓展延伸

1. 你知道百米世界纪录是多少秒吗？计算它对应的速度，并与本书第9页列举的速度对比，猜猜它处在怎样的水平？

2. 已知，北京比伦敦快8个小时，从北京飞往伦敦的航班时长为13小时，如果你希望到达伦敦时的当地时间不晚于早上10点，那你最迟要在什么时候从北京出发？

3. 著名导演李安执导的电影《双子杀手》的帧率是120帧，那么这部电影需要多少帧才能拍完"一眨眼"的过程？

4. 一艘船从甲地开往乙地，顺水航行需用4小时，逆水比顺水多花30分钟，已知船在静水时的速度为16千米／时，那么河流的速度是多少？

5. 夸父要怎样才能逐日成功？

6. 想一想，上海午夜和正午绕太阳运动的速度差与北京相比，哪个大哪个小？

7. 某运动员在百米跑道上以8米／秒的速度跑完80米，又以2米/秒的速度走过了20米，这个运动员通过这段路的平均速度是多少？

8.在"龟兔赛跑"的寓言故事中，乌龟成为冠军，兔子竟然败北，这是为什么呢？

第二章

重力和重量 杠杆 压强

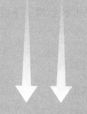

试着站起来！

　　如果我说你没法从椅子里站起来，你一定觉得我在开玩笑——可是真的，如果以某种特定的方式坐在椅子里，哪怕没有任何束缚，你也站不起来。不信我们试试看。请按照图13中那位男孩的姿势坐在椅子上。上半身直立，脚不能收到椅子下面。现在，不要移动你的脚，也不要向前倾身，试着站起来。不管你多努力都做不到。除非把脚收到椅子下面，或者身体前倾，否则你怎么都站不起来。

　　给出解释之前，请容我介绍一下身体，尤其是人体的平衡机制。物体只有在它的重心的垂线穿过其底部时才不会倒下。图14中倾斜的圆柱体一定会倒。但反过来说，如果圆柱体的重心垂线穿过它的底面，

图13　这个姿势不可能站得起来

28

那它就不会倒。著名的比萨斜塔、博洛尼亚斜塔和阿尔汉格尔斯克的斜钟楼（图15）都是斜的，但它们不会倒塌，也是基于同样的原理——这几座建筑物重心的垂线并未超出其地基的范围，而且它们的地基都埋在地底深处。

图14 这个圆柱体一定会倒，因为它的重心垂线超出了自身底面的范围

你的身体重心垂线必须落在双脚的轮廓以内，你才不会摔倒（图16）。所以单脚站立才那么难，要在绷紧的绳子上保持平衡则更难。我们的"底面"很小，所以重心的垂线很容易落到这个范围以外。你有没有注意过那些"老水手"的奇怪步态？他们一生

图15 阿尔汉格尔斯克的斜钟楼（根据一张老照片重绘）

图16 一个人站立时，他的重心垂线会落在双脚轮廓围成的范围以内

中的大部分时间都待在颠簸的甲板上，身体的重心垂线随时可能落到底面积外，所以他们才会养成这样的习惯：在甲板上走路时双脚尽可能地朝两边分开，占据更大的空间，以免摔倒。哪怕回到了坚实的地面上，他也自然而然地保持了自己习惯的摇摇摆摆的走路方式。

下面我们再举一个反面的例子：试图保持平衡的努力也能塑造优美的姿态。把货物顶在头上的搬运工往往体态健美——我假设你已经注意到了这件事。你也许还见过头顶罐子的女性的精致雕像。因为头上顶着东西，所以他们必须挺直自己的头和身体。也正因为头顶有东西，所以无论他们朝哪个方向倾斜，都会让重心垂线产生比平时更严重的偏移，超出身体底面的范围，继而失去平衡。

现在回头来看本章开头我提出的问题。男孩坐在椅子上，他的身体重心位于脊柱附近——大约在肚脐上方20厘米的位置。以这个位置为起点作一条垂线，它会穿过双脚后方的椅面。你已经知道了，一个人要想站起来，他的重心垂线必须落在双脚的轮廓范围以内。既然如此，要想站起来，我们要么向前倾身，改变身体的重心位置；要么把脚收到椅子下面，好让重心垂线穿过身体的底面。这正是我们从椅子里站起来时经常做的动作。如果不允许你这样做，你永远都站不起来——正如你已经试过的那样。

走和跑

有的事情你每天都要做成千上万次，有生之年，日复一日，那你应该非常了解它们，难道不是吗？是的，你会回答。然而事实并非如此，就拿行走和奔跑来说，还有比这更熟悉的事吗？但我想问问，你们中有多少人清楚明白地知道，我们走和跑的过程中实际上是在做什么，或者说这二者的区别在哪里。我很确定，大部分人会发现自己的描述陌生得令人震惊，以下这段话出自保罗·伯特教授的作品《动物学讲座》（里面的插画是我画的）：

假如一个人单腿站立，比如说右腿，然后进一步假设他抬起脚跟，同时身体前倾。[①]以这样的姿势，他的重心垂线会自然而然地移到身体的底面以外，所以他必然向前摔倒。几乎就在这个动作开始的瞬间，他迅速向前迈出左腿，让左脚落在重心垂线前方的地面上。这样一来，重心垂线再次回到了双脚支撑的范围内，于是身体恢复了平衡——这个人向前走了一步。

他也许会保持这个相当累人的姿势，不过他应该会希望继续前进，于是他再次前倾，让重心垂线移到底面外，然后在即将摔倒时再次迈腿（这次是右腿）向前，这样他就又往前走了一步。如

---

① 人在行走或奔跑时会对地面施加一个力，除了自身体重以外，他的脚在离开地面时还会额外施加大约20千克的压力。因此，人在运动时对地面施加的压力大于静止站立时。——作者注

31

此周而复始。因此，行走其实是一系列向前摔倒的动作，只是行走的人及时地将后面那条腿迈到新的支撑位置，从而恢复了平衡。

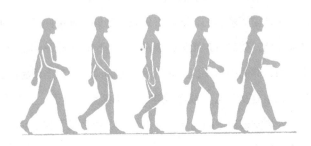

图17　行走的一系列姿势，我们就是这样走路的

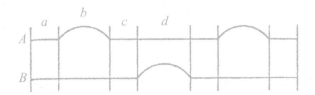

图18　这幅图描绘了人在走路时脚如何移动。线 *A* 代表左脚，线 *B* 代表右脚。直线部分代表脚踩在地面上，曲线则是脚在空中划出的轨迹。时段 *a*，两只脚都站在地面上；时段 *b*，脚 *A* 被提了起来，脚 *B* 留在地面上；时段 *c*，两只脚都再次回到地面。你走得越快，时段 *a* 和 *c* 就会变得越短（与图20的"奔跑"示意图对照）

　　我们试着探寻一下这个问题的本质。假设第一步已经迈出去了。在这一刻，右脚仍踩在地面上，而左脚刚刚碰到地面。如果这个人走得不是特别慢的话，他的右脚应该已经提起来了，因为这个动作让他得以前倾身体，打破原来的平衡。左脚先碰到地面，接下来，等到整个左脚在地上站稳，右脚已经完全提了起来，与

地面不发生任何接触。与此同时，随着股四头肌的收缩，原本在膝盖处微微弯曲的左腿瞬间绷直。这让半弯的右腿得以向前移动，不必接触地面。随着身体的运动，右脚开始接触地面，为下一步做好准备。在这一刻，左腿只有脚趾的部分还停留在地面上，左脚即将完全离开地面，开始下一轮动作。

图19 奔跑的一系列姿势，描绘了双脚都在空中的几个瞬间

图20 这幅图描绘了人在奔跑时脚如何移动（与图18对照）。某些时段里，两只脚都在空中。这是奔跑和行走不一样的地方

奔跑和行走不一样的是肌肉的突然收缩让踩在地面上的那只脚有力地绷直了，将身体推向前方，所以奔跑时你的整个身体会完全离开地面，虽然只有很短的一段时间。然后你会再次落到地

面上，靠另一只脚支撑，随后这只脚又会迅速迈向前方，与此同时，身体继续停留在空中。因此，奔跑由一系列不断交换的单脚跳组成。

有的人可能觉得，在水平的人行道上行走消耗的能量为零，但事实并非如此。对走路的人来说，他迈出每一步的过程中，身体的重心都会向上移动几厘米，然后再落回原来的高度。计算表明，沿着水平道路行走消耗的能量大约相当于让身体向上移动同样距离所需能量的1/15。

如何跳下行驶的汽车？

大部分人肯定会说，根据惯性定律，你得顺着汽车前进的方向往前跳，可是惯性和这个问题又有什么关系呢？我敢打赌，不管回答问题的人是谁，他很快就会发现自己陷入了窘境。因为按照惯性定律，你应该逆着车行方向往后跳。事实上，惯性并不是最重要的。如果忽略了在这种情况下应该往前跳的主要原因——跟惯性没关系——那你得出的结论必然是往后跳，而不是往前。

假设你必须跳下一辆行驶中的汽车，会发生什么？在你起跳的瞬间，根据惯性定律，你的身体运动速度与汽车本身完全相同，并倾向于继续向前运动。往前跳非但无法抵消向前运动的速度，反而是火上浇油。那我们岂不是应该往后跳，这样一来，你最终的速度应该是惯性速度减去向后的速度，因此在接触地面时，身体携带的动量更少，所以更不容易摔倒，对吧？

可是，从行驶的车上跳下来，我们往往会顺着车行方向往前跳。这的确是久经考验的最佳方式，因为当脚碰到地面，猛然停下来的那刻，我们的身体还在继续运动。正如我刚才说过的，如果你往前跳，那么你的身体运动速度甚至比往后跳更快，但往前跳比往后跳安全，因为你会不由自主地向前迈出一条腿，甚至往前跑几步来稳住自己。这是个下意识的动作，就像走路。在前一节我们讲过，归根结底，从力学的角度来说，行走不过是一系列向前摔倒的动作，靠迈出一条腿的保护动作来恢复平衡。往后跳就没有这个动作的保护，所以危险性要大得多。还有一点，哪怕你真的向前摔倒了，你还能伸出双手缓冲一下，向后却不能这样做。

如你所见，向前跳更安全，这和惯性没什么关系，只和我们自己有关。比如说，这条规则显然不适用于你的物品。从行驶的车上往外扔一个瓶子，往前扔比往后扔更容易摔碎。所以，如果你不得不跳下一辆行驶的汽车，而且还带着行李，那你应该先把行李往后扔，然后自己往前跳。电车售票员和查票员这样的老手往往会向后跳，但他们会转动身体，背朝自己跳的方向。这样做有两重好处：一是减缓惯性赋予身体的速度，二是避开向后摔倒的风险，因为他们面朝着车辆行驶的方向，也就是最可能摔倒的方向。

抓住一颗子弹

下面这件怪事发生在第一次世界大战期间。一位法国飞行员在2千米的高度上飞行时看到一只"苍蝇"出现在自己的脸庞附近，于是他伸手一抓，结果惊讶地发现，这是一粒德国人的子弹！这简直就像闵希豪森男爵讲的荒诞故事，那位吹牛大王号称自己能空手接炮弹！但是，手抓子弹的故事其实一点也不离谱。

子弹的初速度是每秒800至900米，但这个速度不会一直持续下去。由于空气阻力的作用，子弹会越飞越慢，期间的速度会降至每秒40米，和飞机的飞行速度差不多，所以，子弹和飞机以同样的速度飞行，这样的条件很容易达成。在这种情况下，对飞机和机上的飞行员来说，这颗子弹完全是静止的，或者移动速度很慢。飞行员可以轻松用手抓住它，尤其是在戴手套的情况下，因为子弹在空气中飞行时会变得很烫。

西瓜炸弹

我们已经看到，在特定情况下，子弹会失去"冲劲"。但反过来，在另一些情况下，轻轻扔出去的"无害"物体却会造成巨大的破坏。在1924年的"彼得格勒－第比利斯"汽车大赛上，高加索农民曾向飞驰的赛车投掷西瓜、苹果之类的物品以表达爱慕，但这些无伤大雅的礼物却把赛车砸出了可怕的大坑，甚至有车手身受重伤。之所以会发生这样的乌龙，是因为汽车与西瓜、苹果的相对运动速度极大，所以这些普通的物品都成了危险的炮弹。如果将一颗4千克的西瓜掷向一辆时速120千米的赛车，那它蕴含的动能相当于一粒10克重的子弹。当然，西瓜造成的冲击和子弹并不完全相同，因为不管怎么说，西瓜是软的。

　　如果有时速约3000千米（和子弹速度差不多）的超快飞机，驾驶它的飞行员也许有机会遭遇我们刚才描述的意外。这架超快飞机飞行轨迹上的任何物品都是轰向它的"炮弹"。从另一架飞机上意外坠落的一把子弹造成的效果和机枪扫射差不多，这些子弹在击中我们这架飞机时造成的冲击力绝不亚于机枪。因为在这两种情况下，子弹和飞机的相对速度差不多，都是每秒约800米——所以撞击造成的破坏也差不多。反过来，正如我们已经看到的，如果另一架飞机从后面向超快飞机开枪，由于子弹和飞机的速度相仿，所以它不会造成任何损伤。

图21　掷向飞驰汽车的西瓜像炮弹一样危险

以大体相同的速度朝同一个方向运动的物体一旦发生接触并不会撞个粉碎，1935年，火车司机博尔什乔夫巧妙地利用这个事实避免了一场火车事故。当时他在俄罗斯南部驾驶着一列从叶尼科夫开往奥尔尚卡的火车，前方有另一列火车正喷着热气前进，但这列车的司机制造出的蒸汽不够拖动整列火车爬上山坡，于是他松开挂钩，开着火车头拖着几节车厢奔向最近的车站，把剩下的36节车厢甩在了后面。但是，由于他没有拉下刹车锁死车轮，这些车厢开始沿着斜坡往下滑落，速度越来越快，最终达到了每小时15千米左右的时速，撞车似乎已经不可避免。幸运的是，机灵的博尔什乔夫立即明白了自己该怎么办。他拉下刹车，然后开始倒车，逐渐加速到15千米的时速，于是前面的36节车厢轻轻地靠在了他的车头上，没有造成任何损伤。

根据这一原理制造的一种设备让我们能在行驶的火车上更轻松地书写。你们都知道，火车上很难写字，因为车轮碾过铁轨接缝时总会颠簸，导致纸张和笔的相对位置出现偏移。所以我们的任务是设计一种装置，让纸和笔同步颠簸，这样一来，它们的相对位置就很稳定了。

图22　让你在行驶的火车上也能轻松书写的奇妙工具

图22画的就是一台这样的装置。负责书写的右腕被固定在小木板 a 上，它可以沿着木板 b 的卡槽上下滑动，而木板 b 又能沿着书写板上的卡槽活动。书写板可以放在火车车厢的小桌子上。这套装置为书写提供了充足的"肘部空间"，并使得纸和笔（或者说握笔的手）的每一次颠簸都完全同步。于是在火车上写字就变得和在家里的普通桌子上写字一样简单了。唯一的麻烦是，由于手腕和脑袋的颠簸并不同步，你在写字时会感觉视线总是一顿一顿的。

如何称量自己的体重？

只有站在体重秤上不动，你才能准确地称出自己的体重。如果你弯弯腰，秤的读数就会变小。这是为什么呢？你弯下腰，控制这个动作的肌肉同时也会把你的下半身往上提，从而减轻身体对秤的压力。反过来说，当你挺直身体，肌肉会将上半身和下半身推开，导致秤的读数变大，因为你的下半身对秤施加了更大的压力。

假如你的体重秤足够灵敏，那么哪怕你只是抬起一只胳膊也会让它的读数发生变化。这个动作会让你的名义体重变大一点。抬起胳膊时，控制这个动作的肌肉会将你的肩膀作为支点，胳膊往上举的同时，这些肌肉会将肩膀和身体其余部分往下压，从而增加对秤的压力。如果你中断了抬起胳膊的动作，另一组反向肌肉就会开始工作，它们会把你的肩膀往上提，好让肩膀尽量靠近手臂末端，这会让你的身体变得轻一点，或者说让体重秤的读数变小。相反，放下胳膊能减轻体重，而中断这个动作又会增加体重。简单来说，利用身体的肌肉，你可以增加或减轻自己的重量，当然，我们这里说的实际上是身体对体重秤施加的压力。

物体在什么地方更重？

地球的引力会随着高度的增加而变小。如果我们将1千克重的物体送上6400千米的高空，此时它与地心的距离是地球半径的2倍，那么它受到的引力只有地面上的2^{-2}倍，也就是1/4。在这个高度上，弹簧秤称出的这件物体重量只有250克，而不是1千克。根据引力定律，我们在计算地球引力时假设整个地球的质量集中于地心，地心引力与距离的平方成反比。在刚才这个例子里，1千克的物体被送到了距离地心2倍的距离上，所以地心引力会变成原来的2^{-2}倍，也就是1/4。如果我们继续将这件物体送到距离地面12800千米的地方——现在它与地心的距离相当于地球半径的3倍——地心引力会变成原来的3^{-2}倍，也就是1/9，1千克重的物体在弹簧秤上称出来的读数只有111克。

你也许会得出结论，如果我们将这件物品放到地底深处，那么越往下它受到的引力越大，弹簧秤的读数也会相应变大。但这个想法不对，越往地下走，物体的重量非但不会增加，反而会越来越轻。

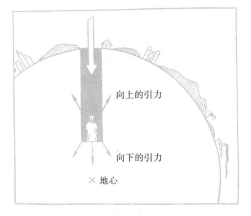

向上的引力

向下的引力

× 地心

图23　我们离地心越近，受到的引力越小

　　因为在这种情况下，地球对物体的引力不再仅仅源于地心，而是来自四面八方。图23画的是一口井里的物体的重量，它同时受到来自上下两个方向的引力。其实真正重要的是来自地球球形部分的引力，其半径等于物体到地心的距离。所以我们越往下走，物体就变得越轻。到了地心的位置，它的重量会变成零，因为在这里，它受到的各个方向的引力完全相等。

　　总结一下：物体在地面上的重量最大；无论是从地面上升还是下降，它的重量都会变小（当然，只有在地球密度处处均匀的情况下，这个结论才能成立）。而在现实中，越靠近地心，地球的密度就越大，所以在奔向地心的过程中，起初地球引力会逐渐变大，到了一定的深度才会开始减小。

坠落的物体有多重?

你有没有留意过电梯开始下降时那种奇怪的感觉?你觉得自己特别轻,仿佛正在坠入无底的深渊。这种感受是失重带来的。电梯启动的瞬间,轿厢地板已经开始向下运动,但你还没有获得它的速度,你的身体对地板的压力几乎为零,所以你的重量也近乎为零。不过这种奇怪的感觉很快就会消失。现在你的身体倾向于向下坠落,比平稳运行的轿厢更快,所以它会对轿厢地板产生一个压力,由此恢复自身的重量。

在弹簧秤的挂钩上挂一个重物,然后拎着弹簧秤,让它和重物一起快速下坠,同时观察指针读数。为了方便起见,你可以把一小块软木放进读数槽里,观察它如何运动。下坠过程中,弹簧秤指针无法正确显示物体的全部重量,它的读数要小得多!如果弹簧秤和重物一起自由坠落,你会观察到它的指针指在零的位置。

哪怕最重的物体在下坠时也会失去所有重量。原因很简单。"重量"实际上是物体对支撑它的东西施加的拉力或者压力。自由坠落的物体无法拉动和自己一起下坠的弹簧秤,也无法对任何东西产生拉力或压力。因此,要问坠落的物体有多重,相当于问它在没有重量时有多重。

早在17世纪,力学之父伽利略就在《关于两门新科学的对话》中写道:"背着一件重物努力不让它掉下时,我们能感觉到它压在自己背上。但是,如果我们和重物以同样的速度下坠,它怎么还能产生压力，成为我们的负担呢？这就像你试图用一根长矛刺穿（在不投掷的情况下）前方和你以相同速度奔跑的人。"

下面这个简单的实验将证明这一点。在天平的一端放一把胡桃夹子，夹子的一根手柄放在秤盘上，另一根手柄用线挂在天平横臂的钩子上（图24）。在天平的另一端添加砝码，直至平衡。然后擦亮一根火柴，去烧那根线。线被烧断以后，原本挂起来的那根手柄会坠落到秤盘上。装胡桃夹子的秤盘是下沉还是上扬？还是继续保持平衡？既然现在你已经知道，坠落的物体没有重量，那么你应该能给出正确的答案。秤盘会上扬一下。是的，尽管胡桃夹子的两根手柄是相连的，但挂在空中的手柄在下落过程中对秤盘施加的压力依然比静止时小。在这个失重的瞬间，秤盘会上扬。

图24　坠落的物体没有重量

从地球到月球

1865年到1870年，儒勒·凡尔纳的作品《从地球到月球》在法国出版，这本书提出了一个奇妙的计划：向月球发射一枚巨型载人炮弹。书里的描述非常逼真可靠，看过书的人往往会相信，这个计划说不定真能成功。现在我们不妨讨论一下。（到今天，"斯普特尼克号"和"鲁尼克号"[①]升空之后，我们已经知道，太空旅行的运载工具是火箭而非炮弹。不过，既然火箭在最后一节发动机燃尽后还会继续飞行，它在这个阶段的运动和炮弹遵循同样的弹道学定律，所以，不要以为别莱利曼已经过时。）

我们先来考量一下，通过炮筒发射的炮弹是否有可能永不落回地面——至少在理论上。理论告诉我们，这是可能的。是啊，水平发射的炮弹为什么总会落回地面呢？因为地球会吸引它，让它的弹道发生弯曲，所以炮弹不可能保持水平的飞行轨迹，而是不断下坠，最终早晚会落回地面上。地球表面也是弯曲的，但炮弹的弹道曲率更大。尽管如此，如果我们能让炮弹的弹道曲率等于地表曲率，那它就永远不会回到地面，而是沿着一条和地表成同心圆的轨道运行，成为地球的卫星，一颗微型的月亮。

但要怎么才能让炮弹沿这样的弹道飞行呢？答案是给它一个足够大的初速度。请看图25，它描绘了地球的部分截面。一门

---

① 苏联发射的两枚人造卫星，前者是人类的第一颗人造地球卫星，后者是第一颗人造月球卫星。

大炮伫立在山顶的点 A。从这里水平发射的炮弹在1秒后将到达点 B——如果没有地球引力的话。在引力的作用下，这枚炮弹1秒后的实际位置是在比点 B 低5米的点 C。在地表引力的影响下，5米，这是任何自由坠落的物体（在半空中）第一秒下坠的距离。如果在下坠了5米以后，这枚炮弹距离地面的高度和它在点 A 离开炮膛时完全相同，这意味着炮弹的弹道曲率等于地表曲率。

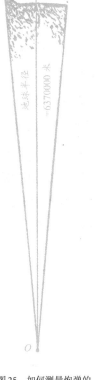

图 25　如何测量炮弹的"逃逸"速度

接下来我们只需要测量 AB 这段距离（图25），或者换个说法，炮弹在这一秒内水平运动的距离，这就是我们需要的速度。在三角形 AOB 中，OA 这条边是地球的半径（约为6370000米），OC=OA，BC=5米，因此 OB 应该是6370005米。根据勾股定理，我们可以算出：

$$(AB)^2 = (6370005)^2 - (6370000)^2$$

这个方程告诉我们，AB 约等于8千米。

所以，如果不考虑空气阻力的影响，一枚初速度为8千米/秒的水平发射的炮弹永远不会坠回地面上，它会成为一颗永远挂在天上的微型月亮。

现在，假设我们赋予这枚炮弹一个更大的初速度，那么它会

45

飞向哪里？研究天体力学的科学家已经证明，8千米／秒、9千米／秒，甚至10千米／秒的初速度都会形成一条椭圆弹道，初速度越大，椭圆就越扁。一旦速度达到11.2千米／秒，弹道就不再是椭圆形的，而是一条开放曲线，或者说抛物线，炮弹会离开地球不再回来（图26）。所以，从理论上说，坐在炮弹里飞往月球完全可行，只要它的初速度够大。不过，这个计划可能还面临一些相当具体的困难。进一步的细节请见《趣味物理学》第二卷和同样由我所著的《行星际旅行》。（在前面的讨论中，我们排除了空气阻力的影响，但在现实里，对于速度这么快的物体，阻力将带来极其复杂的影响，甚至可能让整个计划变得完全不可行。）

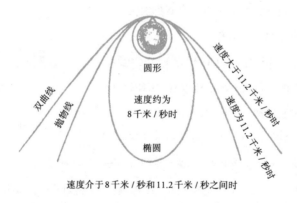

速度介于8千米／秒和11.2千米／秒之间时

图26　炮弹初速度为8千米／秒及以上时的情况

飞向月球：儒勒·凡尔纳VS真相

如果你读过《从地球到月球》，那你很可能记得那个有趣的段落——它描述了炮弹飞到地月引力平衡点时的情形，奇妙的事情发生了——炮弹内部的所有物体都失去了重量，旅行者自己也飘了起来。

这些描述一点都没错。但儒勒·凡尔纳没有意识到，失重不仅仅发生在他描述的那个位置。炮弹在到达这个位置之前和之后都会失重——确切地说，一旦炮弹开始自由飞行，它就进入了失重状态。

看起来难以置信，对吧？我相信，很快你就会因为自己以前竟然没有注意到这个明显的疏漏而深感讶异。我们还是以儒勒·凡尔纳为例。你应该没忘记，书中的旅行者将死去的小狗抛出舱外，结果惊讶地发现，它跟在炮弹后面继续向前飞，而不是坠回地球。儒勒·凡尔纳对这一现象的描述和解释都是对的。太空中的所有物体以相同的速度坠落，因为引力赋予了它们相同的加速度。所以，在引力的影响下，炮弹和小狗应该获得同样的坠落速度（因为加速度相同）。我们也可以说，在引力的影响下，二者的初速度以相同的速率减小。因此，炮弹和狗应该以相同的速度运动，所以被抛出舱外的小狗仍会跟着炮弹继续飞行。

儒勒·凡尔纳的疏漏在于：既然被抛出去的小狗不会坠回地面，那它在炮弹里面又怎么会掉到地上呢？两种情况下起作用的力完全相同！炮弹内部悬浮在半空中的狗应该维持这种状态，因为它的速度和炮弹本身完全相同，所以它和炮弹相对静止。

　　大体来说，小狗的情况也同样适用于炮弹里的旅行者和其他所有物体，他们都以同样的速度和炮弹沿着同样的轨道飞行，不会坠落，即使没有任何支撑物可供他们站立、坐下或者躺下。你可以抓起一把椅子，把它翻过来举到天花板上，它也不会"掉下来"，因为它会和天花板一起运动。你也可以头下脚上地坐在这把椅子上，绝对不会摔。归根结底，有什么东西能让你摔呢？如果你真的摔了下去或者飘了起来，这意味着炮弹的速度大于坐在椅子上的你，不然的话，椅子就绝不会飘起来或者摔下去。但这是不可能的，因为我们知道，炮弹内部的所有东西都拥有和炮弹一样的加速度。这就是儒勒·凡尔纳没有考虑到的情况。他以为在太空中，炮弹内部的所有东西还会继续压在地板上，忘了物体只有对静止的支撑物才会产生压力；如果物体和支撑物以同样的速度在太空中飞行，它们之间不会有任何压力。

　　所以，一旦炮弹开始靠自身的动量飞行，乘坐炮弹的旅行者就会进入完全失重的状态，他们会悬浮在半空中，和舱室里的其他所有物体一样。单凭这一点，旅行者就会立即知道自己是在太空中飞行还是依然停留在炮筒里。但儒勒·凡尔纳却说，在炮弹升空的头半个小时里，乘客们无论怎么努力尝试都没法判断自己有没有起飞。

　　"尼科尔，我们在动吗？"

　　尼科尔和巴比康面面相觑，此前他们从未操心过这颗炮弹的事。

"呃，我们真的在动吗？"米歇尔·阿旦也问道。

"或是静静躺在佛罗里达的大地上？"尼科尔说。

"又或者沉进了墨西哥湾？"米歇尔·阿旦继续猜测。

蒸汽船的乘客也许会有这样的疑惑，但太空游客绝不会被这些问题困扰，因为他不可能注意不到自己完全失去了重量，蒸汽船的乘客却没有这种感受。

儒勒·凡尔纳的炮弹内部肯定是个非常奇怪的地方，一个自成一体的小世界，这里的所有物品都没有重量，它们飘浮在空中，停在原地，不管放到哪里都能保持平衡，就连水都不会从倾斜的瓶子里流出去。遗憾的是，儒勒·凡尔纳错过了这个能让他尽情发挥想象力的机会！（如果你对这个问题感兴趣，我们可以推荐你看看 A. 斯滕菲尔德的著作《人造地球卫星》中的相关章节。）

错误的秤也能称出正确的重量

要准确地称出重量，哪个因素更重要——秤还是砝码？别以为它们同样重要。只要砝码没问题，哪怕秤有误差也能称出正确的重量。这样的方法有很多，下面我们讨论的是其中的两种。

第一种方法来自伟大的俄罗斯化学家德米特里·门捷列夫。首先，你可以在天平的一头放置手边任意一件物品，只要它比你要称的东西重就行，然后用砝码使天平平衡。接下来把你要称的东西放到砝码这头，再移除多余的砝码，直至天平恢复平衡。移除的砝码质量之和等于你要称的物品的重量。这叫"恒定载荷法"。如果需要连续称量几件物品，那么这种方法特别方便。你可以利用最开始的那件物品（载荷）称量其他所有东西。

另一种方法叫"波达法"，这个名字来自发明它的科学家，具体操作如下：

把你要称量的物体放在天平一头，然后在天平的另一头倾倒沙子或弹珠，使之平衡，然后拿走要称量的物体——但别碰另一头的沙子或弹珠！接着，在清空的秤盘里放置砝码，直至天平恢复平衡。砝码的质量加起来就是你要称的物品重量。这种方法又叫"替换称重法"。

这种简单的方法也适用于只有一个秤盘的弹簧秤，当然，前提是你有合格的砝码。使用弹簧秤时，你不需要沙子和弹珠，只需要把待称的物体放进秤盘并记录读数，然后拿开它，换上适量的砝码，让弹簧秤指到同样的读数，砝码的质量之和就是你拿走的物体的重量。

比你想象的更强壮

你单手能拎起多重的物体？我们不妨说10千克吧，但这就是你手臂肌肉力量的上限吗？噢，当然不是。你的二头肌比这强壮得多。图27描绘了这组肌肉的工作机制。它紧紧地连接在你的前臂骨所构成的杠杆的支点附近，你拎的重物作用于这根活体杠杆的另一端。重物与支点（也就是你的肘关节）之间的距离大约比二头肌与支点之间的距离长8倍。这意味着你拎起10千克的重物时，你的二头肌产生的力量是这个数的8倍，也就是80千克。

我们可以毫不夸张地说，每个人都比他自己以为的更强壮，或者说，虽然我们展示出的力量并不起眼，但实际上每个人的肌

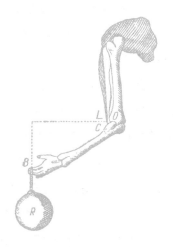

图27 前臂的作用相当于杠杆，力作用于点 L，
支点位于点 O，载荷 R 从 B 点被拎起。BO 大约比 LO 长8倍

肉都比这强壮得多。这种生理机制有什么好处吗？乍看之下，你可能觉得一点好处都没有。我们似乎白白损失了这么强的力量。但是，别忘了古老的力学"黄金法则"：力量的损失总会被位移弥补。在这个例子里，你得到的补偿是速度：你的手臂移动的速度比肌肉本身快8倍。动物的这种肌肉结构使得它们能以极快的速度移动，在生存竞争中，这比单纯的力量重要得多。若非如此，我们的速度就真的慢得跟蜗牛一样了。

尖锐的物体为什么特别锋利？

你有没有想过，针为什么能轻松穿透物体？为什么针能轻松穿过布料或纸板，钝的钉子却很难完成同样的任务？说到底，无论是针还是钉子，它们受到的力难道不是一样的吗？力是一样的，不一样的是它们产生的压强。针的所有力都集中于针尖，要是换成钉子，同样的力分散在它钝圆的头部，这个面积比针尖大得多。所以，虽然我们施加了同样的力，但针产生的压强比钉子大得多。

你们都知道，松土时，20齿的耙子比同样重量的60齿耙子挖得深。这是为什么？因为前者每根耙齿产生的压强比后者大。

讨论压强时，除了力以外，我们还必须考虑到力的作用面积。如果有人告诉你，一名工人拿到了100卢布，你并不知道他的薪水是高还是低，因为你不知道这是一年的工资还是月薪。

同样的，力的效果取决于它的作用面积是1平方厘米还是0.01平方毫米。有了滑雪板，我们就能轻松穿过覆盖新雪的地面，要是靠自己的双脚，你只会陷进雪里。为什么？滑雪板承载你体重的面积比你的双脚大得多。假设滑雪板的面积相当于脚掌面积的20倍，那么它对雪地产生的压强只有双脚的1/20。正如我们已经注意到的，用了滑雪板，新雪可以承载你的体重，要是没有它，你很容易陷进雪地里。

因此沼泽地区的马匹需要特制的马蹄铁，这能增大它们的受力面积，减小每平方厘米的压强。也是出于这个原因，人们在穿越泥塘或薄冰时会采取同样的预防措施，他们往往会趴下来匍匐前进，以增大自身体重的受力面积。

最后，虽然坦克和履带式拖拉机都很重，但它们不会陷进松软的地面，同样是因为它们的重量分布在一个相对较大的支撑面上。一台重达8吨的拖拉机产生的压强只有区区600克／平方厘米。有的履带车产生的压强只有160克／平方厘米，尽管它重达2吨，所以它才能轻松穿过泥煤沼泽和沙滩。在这些案例里，更大的受力面积带来了好处，与针的例子完全相反。

以上所有案例表明，尖锐的物体之所以特别锋利，唯一的原因是它的端部受力面积特别小。所以锋利的刀比钝刀更好切，因为承载力的刀锋面积更小。总之，尖锐的物体更容易刺穿、切开其他东西，因为它们的尖端和锋刃产生的压强更大。

舒服的……石头床

椅子为什么比平顶木桩坐起来舒服？它们不都是木头的吗？为什么躺在吊床上也很舒服，哪怕编织吊床的绳子一点都不软？

我想你已经猜到了原因。木桩是平的，你坐在上面，整个人的重量都压在一块很小的区域上。另外，椅子的椅面通常有些凹陷，所以支撑你的受力面积要大得多。单位面积承载的重量更小，压强也更小。

如你所见，秘诀在于让压力分布得更均匀。在一张柔软的床上，我们凹凸不平的身体轮廓会压出深浅不一的印子。压力分布得相对均匀，每平方厘米只需要承受几克的压力。难怪我们觉得这么舒服。

下面的计算很好地说明了这样的区别。成年人的身体表面积约为2平方米，或者说20000平方厘米。躺在床上时，支撑身体的受力面积大约是这个数的1/4——0.5平方米，或者说5000平方厘米。假设这个人的体重约为60千克，或者说60000克，这意味着他产生的压强只有12克/平方厘米。但要是躺在硬木板上，因为身体和木板的接触点更少，所以支撑他的受力面积就只有100平方厘米了。这意味着他的压强从12克/平方厘米暴涨到了500克/平方厘米。相当大的区别，对吧？你立即就能体会到。

不过，只要你的体重能得到均匀的承载，那么哪怕最硬的床睡起来感觉也像羽绒被一样柔软。假如你把自己的身体轮廓印在潮湿的陶土上，等它硬化以后——陶土干燥后会产生5％至10％的收缩，但我们可以先忽略这一点——你可以重新躺上去，感受一下羽绒床垫般的舒适。虽然这张床实际上是石头做的，但你却觉得它很软，因为你的体重分布在一个大得多的支撑面积上。

拓展延伸

1. 殿堂级歌手迈克尔·杰克逊在演唱会上常表演一个招牌动作——身体向前倾斜45度，他真的能凭借自身能力实现这一点吗？

2. 为什么竞走运动员的走路姿势有些奇怪？

3. 为何"鸟撞飞机"是航空业的难题？发挥你的想象力，思考一下怎样才能从技术上解决这个问题？

4. 用心观察一下你的指甲刀，试着画下它的杠杆示意图吧！

5. 在水里用弹簧秤称取物体的重量，它的读数与在空气中称量时相比，会变大还是变小？

6. 1969年7月20日，人类第一次登上月球，请问登月的宇航员阿姆斯特朗是"变胖"还是"变瘦"了？

7. 2021年5月15日，火星探测器"天问一号"成功着陆火星，查查看，它是如何做到的？

8. 乳胶枕是近些年人们觉得"很舒适"的床上单品，观察一下它的外形，你能否猜出它的原理呢？

3

第三章

空气阻力

子弹和空气

上过学的人都知道，空气会阻挡飞行的子弹，但很少有人知道空气阻力到底有多大。大部分人认为，空气的"爱抚"微不足道，毕竟我们一般感觉不到它的存在，所以根本不会对疾速飞行的步枪子弹造成真正的阻挡。

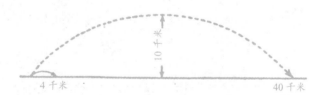

图28　子弹在空气和真空中的飞行轨迹
大弧线是没有大气时的弹道，左边的小弧线则是现实中的弹道

但是，只要好好看看图28，你就会意识到，空气对子弹造成了极大的阻碍。图中的大弧线画的是没有空气时的弹道。在这种情况下，子弹从步枪枪口以620米/秒的速度和45度角出膛

以后，它会在空中划出一条高达10千米的弧线，飞到近40千米以外。但现实中的子弹只能飞4千米，划出左边那条小小的弧线，跟第一条弧线比起来简直微不足道。这就是空气阻力造成的影响！

大贝莎

1918年，第一次世界大战即将结束，法国和英国的飞机遏制了德国的空袭，就在这时，德国人首次使用了射程可达100千米以上的远程大炮。

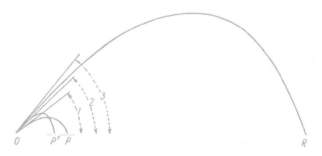

图29　远程大炮的射程随仰角而变化
在角度1的情况下，弹道轨迹为 P，角度2的轨迹是 P'，
但在角度3的情况下，它会进入空气稀薄的平流层，所以飞行的距离会远得多

德国炮手偶然发现了一种新的方法，可以直接轰击远离前线至少110千米的法国首都。他们的大炮以极高的仰角开火，结果意外发现，大炮的射程变成了40千米，而不是20千米。如果

59

炮弹以一个极其陡峭的角度和极大的初速度出膛，它会进入大气层高处空气稀薄的层级，这里的空气阻力相对较小，炮弹会在这个层级里飞行很长一段距离，再以陡峭的角度坠回地面。图29描绘了炮筒的不同仰角对弹道的巨大影响。正是基于这个原理，德国人才设计出了能从115千米外轰击巴黎的远程大炮，它名叫"大贝莎"。1918年夏，这种大炮至少向巴黎发射了300枚炮弹。

后来人们发现，大贝莎的钢管炮筒长达34米，直径1米，后膛壁厚达40厘米，这台大炮自重750吨。它的炮弹重达120千克，长1米，直径21厘米。每发炮弹需要消耗150千克的火药，这些火药爆炸产生的压力相当于5000个大气压，推动炮弹以2000米/秒的初速度出膛。由于大贝莎的发射仰角是52度，所以它的炮弹会划出一条长得不可思议的弧线，弹道最高点可达地面以上40千米的大气层，它只需要3.5分钟就能飞到115千米外的巴黎，其中有2分钟在平流层里飞行。

图30　大贝莎

作为历史上第一款远程大炮，大贝莎是现代远程炮的鼻祖。

请容我提醒一句，子弹或炮弹的初速度越大，它受到的空气阻力也越大，阻力大小与速度的平方、立方或更高次幂成正比，具体取决于空气的含量。

风筝为什么会飞？

你一拉线，风筝就向上翱翔，知道这是为什么吗？弄清了风筝为什么会飞，你就能明白飞机为什么能升空，枫树种子为什么会飘起来。你甚至会从一定程度上了解，回旋镖的飞行轨迹为什么那么奇怪。因为这些事情都是相通的。阻挡子弹和炮弹的空气让轻盈的枫树种子飘起来，也让飞机得以翱翔。

如果你不知道风筝为什么会飞，不妨看看图31的简单示意。MN 代表风筝的横截面。你放开风筝并拉线，由于风筝的尾部较重，所以它的运动方向会和地面形成一个角度。风筝从右向左运动，a 是风筝平面与水平面的夹角。现在我们来看看作用在风筝上的力。当然，空气应该阻碍它的运动，并对它施加一定的压力，体现为图31中的矢量 OC。由于

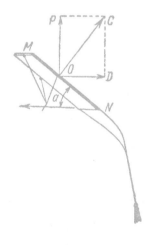

图31　让风筝飞起来的力

空气压力总是垂直于平面，所以 *OC* 和 *MN* 应成直角。力 *OC* 可以通过平行四边形法则分解为两个分量，于是我们得到了 *OD* 和 *OP* 两个力，其中 *OD* 把风筝往回推，这会降低它的初速度，另一个 *OP* 则把风筝向上推，减轻它的重量。当这个力足够大，它会超过风筝的自重，让风筝飞向高空。所以你向前拉线，风筝会往上飞。

飞机实际上也是一种风筝，只不过推动它向前、向上的力不是我们手里的线，而是螺旋桨或喷气引擎。当然，这是一种十分粗略的解释。让飞机升空的因素不止一种。我在《趣味物理学续编》的"波浪和旋风"一节中做了更详细的解释。

活的滑翔机

人们常常误以为飞机的结构和鸟差不多，可是如你所见，事实并非如此，其实它更像飞鼠或飞鱼。顺便说一下，这两种动物的运动方式与其说是飞，不如说是长距离跳跃，或者用飞行员的术语来说——"滑翔"。对飞鼠和飞鱼来说，图31中的力 *OP* 太小，不足以完全承托它们的身体，只能减轻一部分重量，让它们得以从某个高点跳出一段很远的距离（图32）。飞鼠能从一棵树的树顶跳到20至30米外另一棵树较低的树枝上。人们在东印度群岛和锡兰（今斯里兰卡）发现了一种更庞大的飞鼠种群，它名叫"飞狐猴"，这种动物的体型和家猫差不多，翼展约半米，足以支撑它沉重的身体跃出50米之远。生活在巽他群岛和菲律宾的袋貂的跳跃距离更是长达70米。

图32　飞鼠能跳20至30米远

热气球般的种子

植物也常常利用滑翔的方式繁殖。很多种子拥有降落伞般的绒毛（冠毛），例如蒲公英、棉花球、"羊须"、"翔鸟"、松柏、枫树、白桦树、榆树、椴树，以及多种伞形科植物等。

63

在肯纳·冯·马利劳姆的著作《植物生活》中，我们找到了下面这段话：

在无风而晴朗的日子里，大量种子和果实被垂直气流高高托起，不过等到日暮以后，它们往往会下沉一小段距离。对种子来说，飞翔是一项重要的能力，这不仅让它们得以覆盖更广阔的区域，也让它们有机会在裂缝中、悬崖上落地生根，如果不能飞的话，它们根本到不了这些地方。与此同时，水平气流可能把悬浮的种子和果实带到很远的地方。

某些植物的种子只有在飞翔时才会保留自己的翅膀和降落伞。蓟的种子静静飘浮在空中，直到碰上某个障碍物，它才会抛弃降落伞，坠落到地面上。所以我们才会那么经常地看到蓟生长在墙或篱笆附近，不过也有一些种子会一直留着自己的降落伞。

图33 "羊须"的种子

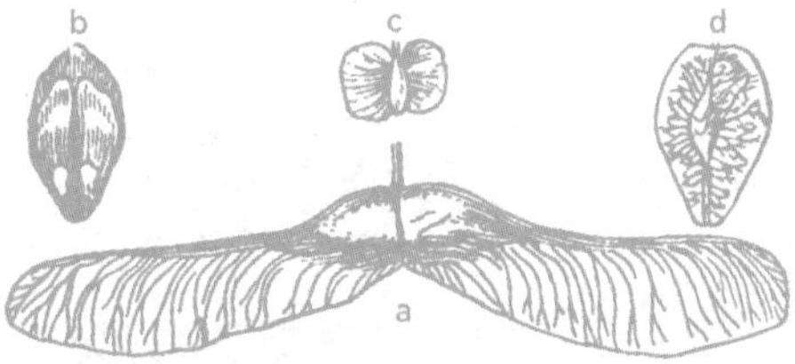

图34 长着翅膀的种子
a为枫树种子，b为松树种子，
c为桦树种子，d为榆树种子

图33和图34描绘了几种拥有滑翔能力的种子和果实。事实上，这些植物"滑翔机"在很多方面都胜过人造的。它们能托起远大于自身重量的载荷，并自动恢复稳定。所以印度茉莉很难倾覆，种子最底部侧面的凸檐会帮它自动恢复稳定，遇到障碍物时，它不会骤然跌落，而是像小船一样轻轻停泊下来。

延迟跳伞

这自然会让人想起跳伞者在某些时候做出的英勇举动。他们在10千米左右的高度跳出舱外，像石头一样落下相当一段距离，然后才拉动伞绳打开降落伞。很多人认为，降落伞打开之前，跳伞者会像在太空中一样自由掉落。如果事实真的如此，那么延迟跳伞的过程应该会短暂得多，而且跳伞者在接近地面时的速度会大得不可思议。

但空气阻力会延缓加速。在延迟跳伞的过程中，只有在最初10秒降落的几百米距离内，跳伞者的速度会越来越快。但与此同时，他受到的空气阻力也会同步增加，最终达到一个平衡点，跳伞者的速度不会继续增长，他开始匀速降落。

下面我们从力学的角度大致描绘一下延迟跳伞的机制。加速过程只有最初的12秒，甚至更短，具体取决于跳伞者的体重。在这段时间里，他掉落的距离大约是400至450米，最终达到的速度约为50米/秒。在拉动伞绳之前，他一直以这个速度匀速降落。雨滴坠落也遵循同样的机制。唯一的区别在于，雨滴最初的加速时间小于1秒，因此它的近地速度小于延迟跳伞者，大概只有2米/秒至7米/秒，具体取决于雨滴的大小。

回旋镖

作为原始人发明的最完美的技术装置，这种精巧的武器多年来一直令科学家赞叹不已。真的，回旋镖奇妙的飞行轨迹（图35）足以迷倒任何人。现在有一套复杂的理论可以解释回旋镖的机制，它已经不再神秘。不过这套理论过于复杂，一两句话说不清楚。不妨简单地说，它的回旋运动是三个因素共同作用的结果：首先是初始的投掷力，其次是回旋镖自身的旋转，最后是空气阻力。澳大利亚当地居民靠本能来综合运用这三个因素，灵巧地改变回旋镖的倾斜角度和方向，通过控制投掷的力度得到想要的结果。

你也能掌握一点投掷回旋镖的技巧。按照图36所示的形状，用纸板剪一个适合室内使用的回旋镖，它的每条臂长约5厘米，宽度略小于1厘米，用你的拇指的指甲把它压住，然后以一个略微向上的角度向前把它弹出去。它会飞到大约5米以外，然后转一个圈，回到你的脚下——如果中途没有遇到障碍的话。你还可

图35 澳大利亚当地居民投掷回旋镖，
虚线描述了回旋镖的飞行轨迹——如果它没有击中目标的话

图36 用纸板制作的回旋镖，
以及"投掷"它的手法

图37 纸板制作的另一种回旋镖
（真实尺寸）

以按照图37所示，制作一个更精巧的回旋镖，并把它拧成一个类似螺旋桨的形状（如图37下部所示）。尝试片刻之后，你应该能让它划出几道复杂的曲线，转上几圈，再回到自己脚下。

图38　古埃及壁画上手拿飞去来器的士兵

最后，我再提醒一句，回旋镖并不像人们常常以为的那样，是专属于澳洲人的"导弹"。它曾经出现在印度，根据现存的壁画，回旋镖还曾是亚述战士的常用武器，它在古埃及（图38）和努比亚也很常见。澳大利亚回旋镖唯一的特别之处是我们刚才提到过的螺旋桨般的造型，这使得它能够划出一串令人眼花缭乱的曲线和圈，最终回到投掷者手中——如果它没有击中目标的话。

拓展延伸

1. 在无风天气和有风天气打打羽毛球，观察一下两种状态下羽毛球的飞行轨迹！

2. 导弹为何能飞那么远？

3. 延迟跳伞者能达到的最大速度是多少？

4. 有些纸飞机，飞出去之后为什么又会飞回来？它们是怎么折的？

第三章

空气阻力

第四章

旋转与永动机

如何分辨煮熟的蛋和生的蛋？

在不打开蛋壳的情况下，我们该如何分辨一枚蛋是生是熟？

力学为我们提供了答案。关键在于熟蛋和生蛋旋转的方式不一样。取一枚蛋，把它放在一个平面上转动（图39）。煮熟——尤其是全熟——的蛋旋转的速度和时间都远大于生蛋，事实上，生蛋甚至很难转起来。全熟的蛋转得很快，看起来简直就像一团椭球状的白色影子。如果旋转的力度够大，它甚至会以小的那端为支点竖立起来。

这种现象背后的解释来自一个事实：全熟的蛋在旋转时是一个整体，生蛋却不是；后者内部的液体不会立刻旋转起来，它的惯性力会像刹车一样阻碍硬质蛋壳的旋转，而且熟蛋和生蛋停止转动的方式也不一样。如果你用手指按住一枚正在旋转的熟蛋，它会立即停下来，而生蛋会在你移开手指以后重新旋转片刻。这还是出于惯性力的影响。硬质蛋壳被迫静止下来以后，生蛋内部的液体还会继续运动，而熟蛋的内容物会和蛋壳一起停止转动。

图39　转动一枚蛋　　　　　　　　图40　分辨熟蛋和生蛋

　　这里还有一个性质类似的实验。将两根橡皮筋沿"经线"方向分别套在生蛋和熟蛋上，再用两根一模一样的绳子分别将它们挂起来（图40）。将两根绳子拧绞同样的圈数，然后放手。你一眼就能看出这两枚蛋之间的区别。在惯性力的作用下，熟蛋会转得超过自己的初始位置，使得绳子反向拧转几圈，然后绳子又会再次松开，如此反复几次，绳子拧转的圈数越来越少，直至鸡蛋完全静止。另外，生蛋在回转时几乎不会超过初始位置，顶多多转一两圈，所以它停下来的时间要比熟蛋早得多。就像我们前面说的，这是因为生蛋内部的液体阻碍了它的运动。

旋转

　　撑开一把伞，将它反过来放在地面上，然后转动伞柄。你可

73

以很轻松地让它快速转动起来。现在，朝里面扔一个小球或者一团纸。小球或纸团不会留在伞里，所谓的"离心力"——这是一个错误的称呼，离心力实际上只是惯性的一种表现形式——会把它弹出来。它飞出来的轨迹不会沿着伞面的半径方向，而是沿着旋转运动的切线方向。

在一些公园里，你没准能看到基于旋转的这一原理修建的娱乐设施，它能让你亲自体验一下惯性定律。这种旋转装置有一个圆形的底盘，可供人站、坐或者躺在上面。在隐藏的马达驱动下，底盘开始转动，速度越来越快，直至惯性力将所有人甩向圆盘边缘。起初这股力小得让人难以觉察，但你离圆心越远，体验到的速度以及由此产生的惯性力就越明显。你努力试图停在原地，但这股力大得难以抗拒，最后你肯定会被甩出去。

事实上，地球本身就是一种巨大的旋转装置。虽然它不会把

图41　一种旋转装置。离心力把孩子们甩了出去

我们甩出去，但它的确会减轻我们的体重。在转速最快的赤道地区，离心力会让一个人的体重"缩水"1/300。再考虑到另一种因素——地球的压缩效应，人在赤道地区的体重会减轻大约0.5%，或者说1/200。所以一名成年人在赤道上的体重比两极地区轻约300克。

墨迹旋风

　　按照图42所示的尺寸，用白卡纸和一端削尖的火柴制作一个手转陀螺。转动它不需要什么诀窍——任何一个孩子都做得到。不过，这件孩子的玩具能让你学到很多东西。照我说的做，在这个陀螺上洒几滴墨水，趁着墨水还没风干，转动陀螺。等它停下

图42　墨水在旋转的陀螺上留下痕迹

75

来以后，观察墨水留下的痕迹。这几滴墨水会在陀螺的纸面上留下几条螺线——就像迷你版的旋风。

顺便说一下，这样的相似并非出于巧合。陀螺上的墨迹绘出了墨水的运动轨迹，它的受力情况和旋转底盘上的你完全相同。墨水在离心力作用下越来越远离圆心，不断朝速度更快的位置运动。墨水总会滑向圆盘上速度更快的地方，把径向的"辐条"甩在后面，所以它会做曲线运动，在纸面上留下我们看到的痕迹。

从高气压中心（"反气旋"）向外发散的气流和向低气压中心聚集的气流（"气旋"）遵循同样的原理。墨水以微缩版的形式模拟出了这些巨型旋风的运动轨迹。

被欺骗的植物

快速旋转产生的离心力甚至能战胜重力，100多年前，英国植物学家奈特演示了这个道理。众所周知，初萌的植物总会朝着与重力相反的方向伸展茎秆，用大白话来说，它们总是向上生长。但奈特把种子安放在快速旋转的轮子边缘，让它们朝着轮轴方向生长。与此同时，植物的根沿着轮辐的方向向外生长（图43）。他用离心力取代重力，欺骗了植物。事实证明，这种人造的重力胜过了地球提供的天然重力——顺便提一句，从原则上说，这种解释和现代引力理论不存在任何冲突。

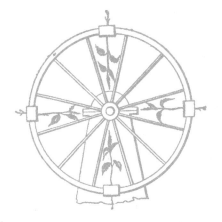

图43　将种子安放在旋转的轮子边缘，
它的茎秆会沿着辐条向轮轴的方向生长，根则向外伸展

永动机

　　"永动"是个热门话题，但我觉得有很多人并不理解它的确切含义。永动机是人们想象出来的一种机器，它永远不会停止运动，还能做一些有用的功，比如举起一个载荷。从来没有人造出过真正的永动机，虽然早在上古时代人们就在不断尝试。这样的徒劳无功让人们逐渐坚信，永动机不可能造得出来，它的存在违反了能量守恒定律——现代科学的基础定律。"永动"只有在不做功的前提下才有可能实现。

　　图44描绘的是最古老的永动机模型之一，直到现在，某些异想天开的人还在试图重现它。图中的轮子边缘装了几根棍子，每

根棍子的末端带有配重。轮子上任意位置右侧的配重与圆心之间的距离总是大于左侧，所以右边的重量始终大于左边，这能迫使轮子旋转。按照这个设想，轮子应该永恒不停地旋转，或者至少旋转到轮轴磨断为止。无论如何，它的发明者就是这么想的，但你不用费劲去造这样的机器，它是转不起来的。这究竟是为何呢？

虽然右侧的配重与圆心之间的距离始终大于左侧，但肯定有一个位置右侧的配重数量少于左侧。请再看看图44，你会发现，右侧的配重只有4个，左边却有8个，这样整个装置才能平衡。这个轮子永远转不起来，它只会微微摆动一下，然后在这

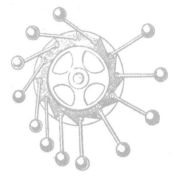

图44 "永恒"转动的轮子，来自中世纪

个位置静止下来。（这台机器的运动可以用所谓的动量定理来解释。）

我们已经确凿无疑地证明了，永动机绝对不可能成为一种能量来源。制造永动机是个徒劳无功的任务，昔日（尤其是中世纪）的炼金术士曾绞尽脑汁试图解决这个问题，他们觉得永动机甚至比点金石还要诱人。19世纪的俄罗斯著名诗人普希金在《豪侠篇》中写过这样一位梦想家，他叫贝托尔德。

"什么是永动？"马丁问。

"永动，"贝托尔德回答，"就是永不停歇地运动。如果我

能找到永恒的运动，我就会相信，人类的创造力无所不能。因为，我的好马丁啊，点金术或许既有趣又有利可图，但永动的发现……啊，那将是多么伟大！"

人们发明了好几百种永动机，却没有一台动得起来。每位发明者都漏掉了某种"掀翻苹果车"的东西，无一例外。

图45描绘了另一种被寄予希望的永动机——这个轮子外缘和轮轴之间的区域被分为若干个隔槽，每个隔槽里各有一颗沉重的球。发明者的想法是，轮子一侧的球更靠近外缘，它们的重量会迫使轮子转动。

图45　每个隔槽里各有一颗滚珠的永动机

但这个设想永远不会实现，就像图44的轮子永远无法转动，其背后的原因完全相同。尽管如此，仍然有人在洛杉矶竖起了这样一个巨大的轮子（图46），那是一家咖啡馆的广告。实际上这是一台伪造的永动机，它真正的动力来源被巧妙地藏了起来——但人们以为它是靠隔槽里那些沉重的滚珠驱动的。为了吸引公众的眼球，制表匠也会在自家商店的橱窗里摆放这样的伪永动机，其实它们都靠电力驱动。

顺便说一句，某台这样的伪永动机广告给我的学生留下了深刻的印象，所以当我告诉他们，这种永恒的运动根本不可能发生

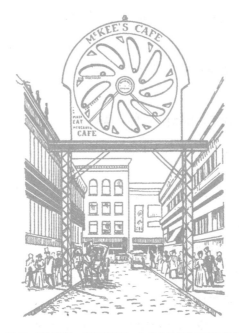

图46　洛杉矶的一家咖啡馆用一台伪永动机给自己做广告

时，他们都不相信。他们说，眼见为实，我的学生亲眼看到过那些滚珠推动轮子，这远比我的任何话更有说服力。我告诉他们，那台"神奇"机器实际上是由来自城市主电网的电力驱动的，但这于事无补。然后我记起，每个周日都会停电，所以我建议孩子们等到周日再去那家店看看。

"你们看到那台永动机仍在工作吗？"后来我问他们。

"没有。"他们垂头丧气地回答，"它被一张报纸遮住了。"

能量守恒定律重新获得了他们的信任，从此以后，他们再也没有动摇过。

"小毛病"

俄罗斯有很多心灵手巧的民间发明家捣鼓过永动机。19 世纪俄国著名的讽刺作家萨尔蒂科夫·谢德林在他的《现代牧歌》中描写了一位这样的发明家，这个名叫亚历山大·舍格洛夫的西伯利亚农民在文中被称为"公民普雷泽托夫"。在下面这个段落里，作家记叙了造访这位发明家工作室的情形：

公民普雷泽托夫大约 35 岁，脸色憔悴苍白。他有一双忧郁的大眼睛，长长的头发结成了绺，一直垂到脖子边上。虽然他的农舍相当宽敞，但有一半的面积被一台巨大的飞轮占据了，我们差点儿挤不进去。那是一个带辐条的轮子，外缘钉了一圈很宽的板子，看起来就像一个盒子。盒子是中空的，里面藏着这位发明家的秘密——永动机的原理。它看起来并不出奇——不过是几袋互相平衡的沙子而已。轮辐之间插着一根棍子，所以整个轮子处于静止状态。

"我们听说，你造出了永动机。这是真的吗？"我开口问道。

"我真的不知道该怎么讲，"他的语气十分困惑，"我想我的确做到了。"

"能让我们看看吗？"

"请看吧，我会觉得十分荣幸！"

他领着我们走向那个轮子，然后带着我们绕到了另一侧。

81

不管从哪边看，它都只是个轮子而已。

"它会转吗？"

"呃，它应该能转，但不是每次都行。"

"你能把那根棍子拔出来吗？"

普雷泽托夫抽出了棍子，但轮子纹丝不动。

"又出毛病了！"他说，"它需要来点动量。"

他双手抓住轮子边缘，来回晃了几下，然后用尽全力往前一推，轮子开始转了起来。它又快又稳地转了几圈，你能听见隔槽里的沙袋砰砰撞击轮子边缘的板子，再滑到一边，然后轮子开始转得越来越慢。我们听到一阵吱吱嘎嘎的呻吟，最终轮子完全停了下来。

"肯定有哪儿出了点小毛病。"这位发明家恼火地解释道，然后他再次推动了轮子，但这次的结果还是一样。

"也许你忘了考虑摩擦力？"

"我没有……你说摩擦力？不是这个原因。摩擦力不算什么。有时候它让你心花怒放，可是紧接着，砰，它又出了毛病，让你捉摸不透，就是这样。如果我的轮子能用正经好料来造，那该多好啊，而不是现在这些垃圾！"

制造轮子的原料到底是"正经好料"还是"垃圾"，问题的关键当然不在这里，而是因为这位发明家从根源上就错了。轮子之所以能转动片刻，完全是因为发明家给了它一个动量，等到摩擦力耗尽了外来的能量，它必然会停下来。

"动力来自这几个球"

作家卡罗宁（笔名 N. Y. 佩特罗帕夫洛夫斯基）在《永动》这个故事里描绘了另一位俄国的永动机发明家。那位来自彼尔姆省的农夫名叫拉夫连季·歌德里夫，他死于1884年。卡罗宁在故事里给他起了个化名，叫作"佩克金"，作家详细描述了那台机器。

我们面前是一台古怪的巨型机器，乍看之下像是铁匠用来钉马蹄铁的工具。我们看到了几根刨得很粗糙的木柱和木梁，还有一整套飞轮和齿轮。整台机器看起来笨拙、粗糙而丑陋。机器下方的地面上放着几个铁球，旁边还有一大堆。

"就是这个？"大总管问道。

"就是这个。"

"唔，它能转吗？"

"不然呢？"

"你是不是找了一匹马来拉着它转？"

"一匹马？要马干啥？它自己会转。"佩克金转身回来，开始演示这台奇怪机器的工作方式。

主角正是堆在旁边的铁球。

"动力来自这几个球。看，首先把它放进这个勺里，然后它会沿着沟槽滚动，快得像闪电一样。接着，它会被另一个勺捞起来，快速飞向那个轮子，再次赋予轮子一个强劲的冲力，甚至能撞得它吱嘎呻吟起来。与此同时，另一个球已经上路。它也会沿着同样的路线快速运动，提供冲力。它从这里开始沿着沟槽飞奔，撞击勺子，跳向轮子，然后再次撞击！这就是它的运作原理。等一下，我这就启动它。”

佩克金跑前跑后，忙忙碌碌地收集散落的铁球。最后，等到所有铁球都乖乖堆在他脚下以后，他捡起一颗铁球，用尽全力将它掷向轮子上面离他最近的那个勺子。紧接着他迅速捡起第二颗球，向前投掷，然后是第三颗。哐哐的噪声简直惊天动地。铁球撞向铁勺，发出刺耳的巨响，轮子吱吱嘎嘎，木柱轧轧呻吟。地狱般的哀号和喧闹顿时填满了这个阴森森的地方。

卡罗宁宣称，歌德里夫的机器真的能动，但这显然是个误会。这个轮子只有在铁球不断向下坠落时才能转动——它消耗的是铁球被举起时积累的势能，其原理类似钟摆的运动，但这样的转动不会一直持续下去，等到所有被举高的铁球都完成了对勺子的“撞击”，落到下面以后，轮子就会停下来——前提是这些应该被举起的铁球带来的反作用力没有提前让它停转。

后来，在叶卡捷琳堡的一次博览会上，歌德里夫终于对自己的发明完全绝望了。他带着那台机器去展出，结果却看到了几台真正工业化的机器。有人问起他奇妙的永动机，他沮丧地回答：“魔鬼把它带走了！让他们把它砍碎了当柴烧吧！”

乌菲姆采夫的蓄电池

乌菲姆采夫所谓的"动能蓄电池"的迷惑性很强，粗心的观察者很容易把它当作永动机。来自库尔斯克的发明家乌菲姆采夫设计了一种以廉价的飞轮式"惯性蓄电池"为基础的新型风力发电站。1920年，他制作了一台模型机，它其实是一个绕纵轴旋转的圆盘，纵轴安装在真空封套内的滚珠轴承上。一旦圆盘的转速达到每分钟20000转，它就能连续不停地转上15天。这样的情景很容易让不动脑子的观察者深信，自己看到了一台真正的永动机。

"一个不是奇迹的奇迹"

对永动机的徒劳探索耽误了很多人的生活。我曾经认识一个产业工人，为了追逐制造永动机的幻梦，他投入了自己的所有收入和积蓄，最终陷入赤贫。他衣不蔽体，饥肠辘辘，不管见到谁都会求对方给他点钱，好让他把"终极版模型"造出来，它"肯定能动"。看到一个人吃了这么多苦，仅仅因为他忽视了物理学的基本原理，这实在是莫大的悲哀。

值得一提的是，虽然对永动机的追求总是以失败告终，但反过来说，对其不可能性的深刻认识往往会带来重大的发现。

比如，16世纪初的著名荷兰科学家斯蒂文借此推出了斜面上力的平衡定律，这就是一个很精彩的案例。现在我们不断意识到，斯蒂文的很多发现意义重大，他理应获得更高的声誉。小数的概念是斯蒂文提出的，将分母引入代数也是他的功劳，他还建立了静压定律，后来帕斯卡又重新发现了这一定律。

斯蒂文推导出了斜面上力的平衡定律，而且没有援引力的平行四边形法则。他利用示意图证明了这条定律，详见图47。14个完全相同的小球串成一串，沿着一个三面的棱柱滑动。接下来会发生什么？如图所示，下方像花环一样垂下去的几个球处于平衡态，但另外两个面上的球能不能互相平衡呢？换句话说，右侧斜面上的2个球能不能平衡左侧斜面上的4个球？答案是肯定的。否则这串小球就会永不停歇地从右到左滑动，滑走的小球留下的空位必须不断由其他小球填补，系统永远不会恢复平衡。但我们知道，现实中以这种方式搭在棱柱上的球串绝不会自己动起来。所以显然，右侧的2个球的确和左边的4个球势均力敌。

这似乎是个小小的奇迹，对吧？2个球能产生和4个球一样

图47 "一个不是奇迹的奇迹"

的拉力！斯蒂文由此推出了一条重要的力学定律，他的推理过程如下：这两个部分——左侧的长球串和右侧的短球串——拥有不同的重量，其中一侧与另一侧的重量之比等于棱柱对应的两条边的长度之比。因此，只要两条球串载荷的重量直接与对应斜面的长度成正比，它们就能在这两个斜面上达成平衡。

在短斜面垂直于地面的情况下，我们得到了一条著名的力学定律：要把一个物体固定在斜面上，我们必须沿斜面方向向它施加一个力，力的大小与物体重量之比等于斜面的高度与长度之比。永动机不可能实现的理念就这样引出了力学领域的一个重要发现。

另外几种永动机

图48里有一条沉重的链子，它绕在一组滑轮上，无论链子处于哪个位置，它右侧的部分总是比左侧长。这套装置的发明者认为，由于右侧的部分总是比左侧重，所以整条链子会永不停歇地顺时针转动，但事实果真如此吗？当然不是。你已经知道，链条较重的部分有可能与较轻的部分达成平衡，因为二者的受力方向不同。具体到这套装置，链条左侧的部分垂直于地面，右侧的部分却是倾斜的。所以，哪怕右边更重，它依然无法拉动左侧，我们不可能达成预想中的"永动"。

我认为有史以来最巧妙的永动机是19世纪60年代巴黎博览会上的一件展品。它由一个巨大的轮子和隔槽里滚动的球组成。它的发明者宣称，谁都没法让这个轮子停下来。很多参观者尝试过让它停转，但只要一松手，轮子又会继续转动。谁也没有意识到，正是他们自己阻止轮子运动的尝试为机器提供了动力。这台装置内部巧妙地藏着一个发条，参观者施加的阻止轮子运动的力反而会把它上紧。

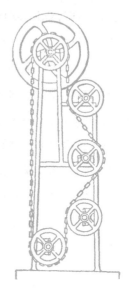

图48 这是一台永动机吗?

连彼得大帝都想买的永动机

保存在档案里的大量信件表明，1715年到1722年，俄罗斯的彼得大帝曾试图购买一台永动机，它的设计者是德国的奥尔菲留斯议员。奥尔菲留斯的自动轮蜚声全国，他愿意把这台机器卖给沙皇，但他的要价很高。受沙皇之命前往西欧搜罗珍奇的图书馆馆长舒马赫代表彼得大帝洽谈采购事宜，他报告称："发明家最后表示：十万塔勒，这台机器就是你的了。"

至于这台机器本身，根据舒马赫的说法，发明家宣称它货真价实，任何人都无法诋毁它，"除非出于恶意，而这个世界上充满了不可信的恶意人士"。

1725年1月，彼得大帝决定亲自去德国见识见识这台臭名昭著的永动机，但他还没来得及买下这台机器就逝世了。

这位神秘的奥尔菲留斯议员到底是什么人，他那台"著名的机器"又是怎么回事？我恰好对这个人和他的发明都有所了解。

奥尔菲留斯的真名叫贝斯勒，1680年，他出生于德国。尝试研究永动机之前，他还钻研过神学、医学和绘画。试图发明永动机的人成千上万，贝斯勒可能是这些人里最出名的，而且无论从哪个角度来说，他也是最幸运的。在他的有生之年（他死于1745年），靠着演示自己的奇妙装置获得的收入，他一直过得舒舒服服。

图49重现了一本古书中描绘的奥尔菲留斯在1714年展示的一台永动机。显然，这幅图里的大轮子不但可以自己转动，甚至还能将重物举到相当高的地方。

起初，这位博学的议员在各地的市集上展出自己的发明，这台"奇迹"机器的大名很快传遍了德国。没过多久，奥尔菲留斯就迎来了几位显赫的资助人。波兰国王对他的发明很感兴趣，后来黑森－卡塞尔伯国的领主也资助过这位发明家，他把自己的城堡交给奥尔菲留斯使用，还用这台机器做了各种试验。

1717年11月12日，这台机器被放进一间单独的屋子，人们让它动了起来。然后这间屋子被锁起来，贴上了封条，门口还有

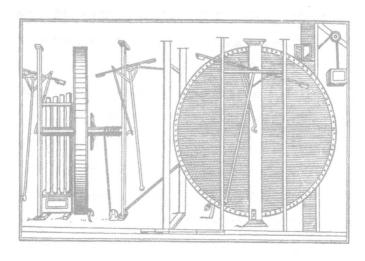

图49 奥尔菲留斯的自动轮，彼得大帝想买的就是这个

两名卫兵站岗。整整2周的时间里，任何人都不敢靠近这间屋子，直到11月26日，人们撕开封条，结果发现，轮子仍在转动，"速度丝毫不减"，然后人们让它停了下来，仔细检查一番以后，又让它重新开始转动。房间再次被上锁、贴封条，派卫兵站岗，这次他们等了40天。1718年1月4日，房间再次启封，几名专家组成的委员会进入房间，发现轮子仍在转动，但领主还不满意，他又安排了时间长达2个月的第三次试验。当他发现，哪怕过了这么久，轮子仍在旋转，他才终于高兴起来。他授予了发明家一张羊皮纸，证明他的永动机的确能以每分钟50转的速度旋转，能将16千克的物体举到1.5米的高度，还能驱动磨机和风箱。揣着这份文件，奥尔菲留斯走遍了整个欧洲。考虑到他给彼得大帝

的报价是10万卢布以上，他的收入显然颇为丰厚。

这位议员奇迹般的声名不胫而走，终于传到了彼得大帝的耳朵里。这位沙皇向来痴迷于各种奇技淫巧，自然对奥尔菲留斯的发明很感兴趣。彼得大帝对这台装置的兴趣可以追溯到1715年，当时他在国外旅行，很快他就派了著名外交家 A. L. 奥斯特曼去调查此事。虽然奥斯特曼没有亲眼看到那台机器，但他很快发回了一份详尽的报告。沙皇甚至考虑过邀请奥尔菲留斯以著名发明家的身份入驻自己的宫廷，并请当时的哲学大家克里斯蒂安·沃尔夫提供意见。

奥尔菲留斯被各式各样的邀请淹没了，这些邀请一个比一个诱人。王公贵族提供了慷慨的奖赏。诗人用语言赞颂他的奇迹之轮，但还是有人觉得他是个骗子。他们越来越赤裸地公开指责他，甚至悬赏1000马克来奖励任何一个能站出来揭发他骗局的人。一位反对者画了一幅画（图50是它的示意图）来讽刺他，这幅画为神秘的永动机提供了一个相当简单的解释——其实奥尔菲留斯的装置里巧妙地藏了一个人，他拉动绳索，驱动藏在永动轮支撑柱里的轮轴旋转。

经由一个偶然的机会，奥尔菲留斯的把戏终于大白于天下。这位议员和他的妻子及女仆发生了口角，而这两位女士都参与了他的密谋。若非如此，我们可能直到今天仍猜不透其中的奥秘。这台臭名昭著的机器似乎真的是由一个藏起来的人——奥尔菲留斯的兄弟或女仆——拉动细绳驱动的。虽然议员并未声名扫地，直到临终前，他仍坚称妻子和女仆只是为了泄愤而诋毁自己，但人们对他的信任却崩塌了。难怪他会向沙皇的首席使者舒马赫灌输人类充满恶意的观点。

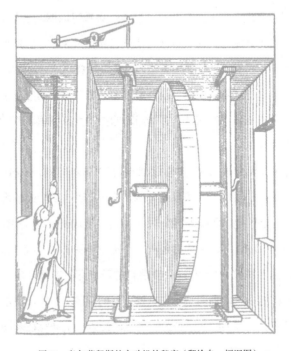

图50　奥尔菲留斯的永动机的秘密（翻绘自一幅旧图）

在那个年代，德国还有另外几位颇负盛名的永动机发明家，赫特纳就是其中之一。关于他的装置，舒马赫这样写道："我在德累斯顿见到了赫尔·赫特纳的永动机，它由一块装满沙子的油布和一台能够自己前后转动的类似磨机的机器组成。不过发明家说，这套装置的尺寸没法做得更大。"毫无疑问，这台机器也没法"永动"，它最多不过是一台设计巧妙的装置，隐藏机关（说不定是活人）的手法也同样巧妙，但无论如何，它肯定不是永动机。舒马赫的判断是对的，他写信告诉彼得大帝，法国和英国的学者"嘲笑这些永动机，他们认为它违反了数学原理"。

拓展延伸

1. 准备几个鸡蛋，试着在家分别煮 3 分钟、6 分钟、9 分钟，然后试着转动它们，观察它们的转动情况。

2. 如果将一枚种子安放在转动的轮子边缘，那它发芽时茎秆会朝哪个方向伸展？

3. 永动机的设想为什么会落空？

4. 分析一下前文中提到的各种永动机，总结一下它们通常是在哪一部分"做文章"？

5

第五章

液体和气体的性质

两个咖啡壶

图51里有两个宽度相同的咖啡壶，但其中一个比另一个高。哪个壶的容量更大？你可能会不假思索地回答：高的那个。但咖啡壶内的液体最多只能和壶嘴的高度齐平，一旦液面超过壶嘴的位置，咖啡就会溢出去。现在，既然两个咖啡壶的壶嘴高度相同，那么矮壶的容量和高壶一样。你很容易就能想明白原因。咖啡壶和壶嘴相当于连通器的两根连通管，所以它们内部的液体高度应该完全相同，哪怕壶嘴里的液体重量远小于壶身里的液体。除非壶嘴的位置足够高，否则你永远没法把这个壶装满，壶里的水就是会不断地溢出去。一般来说，壶嘴甚至会比壶身更高一点，这样一来，哪怕壶身略微倾斜，里面的液体也不会洒出去。

图51　哪个咖啡壶的容量大？

96

古罗马人的“无知”

时至今日，罗马人仍在继续使用祖先修建的引水渠。虽然古罗马奴隶干的活确实不赖，但他们的工程师就撑不起同样的赞誉了。他们的基础物理学知识显然不够用。图52再现了德国慕尼黑收藏的一幅画。如图所示，罗马人的供水系统不是埋在地下的，而是用砖石结构架在高处。为什么？我们如今用的地下管路不是更简单吗？但古罗马工程师对连通器遵循的定律没有一个清晰的认识。他们担心，如果用很长的管道把两个水库连接在一起，二者的水面不会达到同样的高度。另外，如果管道铺设在地面上，随地势自然起伏，那么在某些位置，水必然需要向上流淌，罗马人担心这一点无法实现，所以他们的引水渠往往一路都是下坡。他们的管道常常要么绕一大圈，要么靠高耸的拱

图52　古罗马输水管道建设图

门托起来。长100千米的玛西亚水道就是罗马的引水渠之一，但它的起点和终点之间的直线距离只有这个长度的一半。正如你看到的，古罗马人对基本物理定律的无知害得他们多修了50千米的砖石基柱。

液体压力……向上

就算从没学过物理，你也知道，液体会对容器的底面和侧壁产生压力。但很多人从来没想过，液体还会产生向上的压力。一个普通的玻璃灯罩就能让你轻松看清这一点。用厚纸板剪一个尺

图53　演示液体向上压力的一种简单方式

98

寸足以覆盖灯罩顶面的圆盘，把它盖在灯罩顶上，再把灯罩倒过来浸入一个装水的罐子，如图53所示。为了避免你将灯罩浸入水罐时硬纸板滑落，你可以在纸板上系一根线，像图里那样把它拽紧，或者干脆用手指压一下。等灯罩浸到足够的深度，你就可以松开线头或手指了。纸板会停在原地，水向上的压力把它压在了灯罩顶部。

如果你愿意的话，甚至可以测量这种向上的压力的大小。小心地向灯罩里倒一些水。一旦灯罩内部的液面和罐子里的液面达到同样的高度，纸板就会滑落，因为罐子里的水从下方提供的压力被灯罩里水柱产生的向下的压力抵消了，水柱的高度等于灯罩浸入水下的深度。液体对浸入其中的任何物体产生的压力都遵循这条定律。著名的阿基米德定律描述了浸入液体的物体会"损失"

图54　液体对容器底部产生的压力只跟容器的底面积和液柱的高度有关，
你可以按照图中所示的方法验证这条定律

一部分重量，其背后的原因也正是这条定律。

　　准备几个形状各异但底面尺寸相同的玻璃灯罩，你就能通过实验探究液体遵循的另一条定律：液体对容器底面产生的压力只跟容器的底面尺寸和液柱的高度有关，跟容器的形状完全无关。这个实验应该这样做：取几个不同的玻璃灯罩，把它们浸到同样的深度。为了保证不出差错，你可以先在灯罩侧壁上相同的高度贴一圈纸条。每次你把水倒到这个高度，第一个实验里用过的硬纸板都会滑落（图54）。所以在底面积和水柱高度相同的情况下，不同形状的水柱产生的压力完全相同。请注意，我们这里说的是高度而不是长度，这很重要，因为倾斜的长水柱对底面产生的压力等于同样高度的短水柱——当然，前提是它们的底面积相同。

哪个桶更重？

　　把一桶装得满满当当的水放到天平一头，再在天平另一头放上第二桶水，它同样装得满满当当，但里面漂着一块木头（图55）。这两个桶哪个更重？我向不同的人提出这个问题，人们给出了矛盾的答案。有人说漂着木头的水桶更重，因为除了水以外，你还得加上木头的重量。也有人说，没有木头的水桶更重，因为水比木头重。其实他们说的都不对。这两个桶一样重。是的，第二个桶里装的水的确没有第一个桶多，因为木头取代了一部分水。但根据相关定律，任何漂浮物排开的水的重量都正好等于它自身的重量，所以天平两头一样重。

图55　两个桶都装得满满当当。
其中一个桶里漂浮着一块木头。哪个桶更重？

　　然后我们试着解决另一个问题。取一杯水，把它放在天平的托盘上，然后在水杯旁边放一个配重块，用砝码平衡天平，再把配重块放进杯子里，接下来天平会发生什么变化？根据阿基米德定律，泡在水里的配重块应该没有放在托盘上的时候重。

　　既然如此，天平这头是不是应该翘起来？但实际上，两边的托盘依然是平衡的。这是为什么？被扔进杯子的配重块会取代一部分水的位置，从而迫使液面上升。这会增加液体对底面产生的压力，这个额外的力正好等于配重块损失的重量。

液体的天然形状

我们习惯于认为，液体本身没有形状，但事实并非如此。

任何一种液体的天然形状都是球形，但重力阻止了液体形成球状。被泼出容器的液体会分散成薄薄的一层，留在容器里的液体则顺着容器的形状。但是，如果这些液体被另一份同样密度的液体包裹，根据阿基米德定律，它就会"失去"重量，变得仿佛轻若无物。这样一来，重力就无法作用于它，被包裹的液体会自然形成球状。

橄榄油比水轻，比酒精重，所以我们可以将这两种液体以一定的比例混合，得到一种与橄榄油密度相同的混合液，油滴在里面既不会上浮也不会下沉。当我们用滴管将少许橄榄油滴到这样的混合液里，就会发生奇怪的现象——橄榄油会自发形成一个大圆球，它既不上浮也不下沉，只是悬浮在混合液里（图56）。为了更准确地观察球体的形状，你应该找个平面壁容器来做这个实验，或者随便找个什么形状的容器，只是要把它放进装满水的平面壁容器里。

这个实验需要耐心和谨慎，否则你只能得到几个小油珠，无法形成一个大的。没成功也别灰心，小的油珠同样能启发人思考。

我们继续往深处挖掘这个实验。取一根长棍或者一段电线，用它刺穿油珠，然后开始转动。油珠也会随之旋转。操作这一步时，如果能提前在棍子或电线上穿一片硬纸板圆盘，效果会更好。旋转会迫使油珠的体积缩小，几秒以后，它又会向外扩散，形成

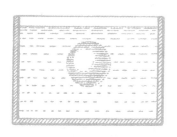

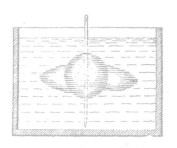

图56　滴入酒精溶液的油会凝聚成
一个既不上浮又不下沉的球
（普拉托实验）

图57　如果用一根棍子搅动
酒精溶液里的油珠，
它会向外发散，形成一个环

一个环（图57）。大油珠破碎成环时会产生新的小油珠，它们会继续绕中间的大油珠旋转。

　　这个具有指导意义的实验是由比利时物理学家普拉托首次完成的，刚才我描述的是它的经典形式。其实换个方法来做这个实验会简单得多——而且丝毫无损于它的教育意义。找个小的平底玻璃杯，用水洗一洗，然后在里面装满橄榄油，再把它放到一个

图58　简化版普拉托实验

更大的杯子里。小心地将酒精倒入大杯，直至浸没小杯，再用勺子慢慢往酒精里加水。这一步操作一定得小心，让水顺着杯壁流下去。小杯子里的橄榄油会慢慢向外膨胀，等到水的量加够了以后，橄榄油会从小杯子里浮起来，形成一个相当大的油珠，悬浮在酒精和水的混合液里（图58）。

如果没有酒精，你可以用苯胺来做这个实验。苯胺在室温下比水重，但加热到75摄氏度至85摄氏度后却会变得比水轻。通过加热，水里的苯胺会慢慢浮起来，形成一个大球。在室温下，你能让苯胺液珠悬浮在食盐溶液中。另一种方便的液体是深红色的邻甲苯胺，它在24摄氏度下的密度与盐水相同，所以它也能悬浮起来。

弹头为什么是圆的？

前面我说过，任何液体在不受重力作用时都会形成天然的球状。我还说过，坠落中的物体没有重量，而在物体刚刚开始坠落时，它受到的空气阻力小得可以忽略不计（雨滴只有在刚刚开始掉落时才会加速；到了0.5秒以后，它的速度已经逐渐变得均匀，随着雨滴的加速而增长的空气阻力最终抵消了它的重量），只要记住这两点，你就会意识到，坠落的液体也会形成球状。

事实的确如此。坠落的雨滴的确是球形的。弹头其实就是熔化的铅固化后形成的"雨滴"。制作弹头时，人们会从很高的地方将铅水滴落到水浴溶液里，让它凝固成完美的球形。弹头又叫"塔"弹头，因为在制作过程中，它会从高高的"弹头塔"顶端坠落（图59）。弹头塔其实是45米高的金属结构，顶部的车间里安放着熔铅的锅炉，底部则是水浴池。成型后的弹头会被送去进行分级和加工。铅水液滴在掉落过程中就会凝成固体弹头，水浴池的作用只是缓冲，以免弹头的完美球形遭到破坏（直径超过6毫米的所谓霰弹头采用的是另一种制作工艺，工人将铅条切割成块，再滚成球状）。

"填不满"的酒杯

在酒杯里装满水，直至与杯沿齐平。准备一些大头针。你觉得杯子里还有容纳大头针的空间吗？试试看吧。

把大头针一根一根地放进杯子并计数。不过请小心一点。请用手捏住

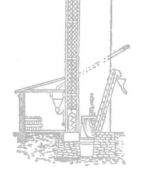

图59 弹头塔

大头针的尾部，把它的针尖浸入水中，然后再轻轻放手，不要推它，也不要施加任何压力，这样水就不会溢出来。你松手以后，大头针会沉到杯底，但水平面却不会上升。你就这样放了10根大头针，然后又是10根，再是第三个10根。水始终没有溢出来。你可以一直这样操作，直到有100根大头针沉在杯底，水还是不会溢出来（图60），而且水面也不会超过杯沿的高度，至少你看不出来。

继续增加大头针的数量。现在你甚至可以以百为单位计数。你放进杯子的大头针可能已经超过了400根，但水还是没溢出来。不过，现在你看到，水面向上凸出，超过了杯沿。这个令人费解的现象的答案就藏在这里。沾了油的玻璃很难被水弄湿，而这个酒杯——和我们日常使用的所有瓷器和玻璃器皿一样——它的杯沿肯定有少许油脂，那是我们的手指触摸它的时候留下来的。既然杯沿没被弄湿，杯子里被大头针排开的水只能向上膨胀。你看不出这样微妙的变化，但只要你多费点事，算出一根大头针的体积，再对比一下膨出杯沿的水的体积，你就会意识到，后者是前者的几百倍，这就解释了已经"装满"的酒杯为什么还有足够的空间再容纳几百根大头针了。

图 60
酒杯里有多少根大头针？

酒杯的杯口越大，它能容纳的大头针就越多，因为可以膨胀的水的表面积更大。我们可以通过粗略的计算明确这一点。一根大头针长约25毫米，宽约0.5毫米。利用众所周知的几何公式（$\frac{\pi d^2 h}{4}$），你可以轻松算出，这个圆柱体的体积是5立方毫米。再加上针尾，整根大头针的总体积应该不超过5.5立方毫米。现在我们再来算算膨出杯沿的水的体积。酒杯的直径是9厘米，或者说90毫米，这样一个圆的面积大约是6400平方毫米。假设水膨出杯沿的高度不超过1毫米，那么这部分水的体积是6400立方毫米，相当于大头针体积的1200倍以上。换句话说，"装满水"的酒杯还能容纳超过1000根大头针。事实上，只要你足够小心，你的确可以在这个杯子里放1000根大头针。你会看到整个酒杯都被大头针塞满了，有的大头针甚至会支棱到外面，但杯子里的水还是不会溢出来。

不愉快的特性

伺候过煤油灯的人都知道，这玩意儿会给你带来多么烦人的"惊喜"。你给它加满煤油，然后把外面擦干净。一小时后，你发现它又湿了。你只能责怪自己，多半是你拧得不够紧，所以煤油才会渗出来。为了避免这样的"惊喜"，你只能尽可能地拧紧壶口。不过在此之前，别忘了检查确认，不要把油壶灌得太满。煤油在受热时体积会急剧膨胀——温度每升高100摄氏度，它的体积就会增加1/10。所以，如果你不想油壶炸开，就必须给煤油留出一定的膨胀空间。

对于发动机需要烧煤油或汽油的船舶来说，煤油容易渗漏的特性会带来令人不悦的麻烦。如果不采取针对性的预防措施，这样的船舶根本不可能运输煤油和汽油以外的货物，因为船上的燃料会通过油罐上看不见的缝隙渗到外面，弄得到处都是；遭殃的不仅是金属表面，就连乘客的衣物也会染上一股怎么都去不掉的煤油味儿。

对抗这个恶魔的努力往往徒劳无功。英国幽默作家杰罗姆·K.杰罗姆在《三人同舟》一书中对液状石蜡的描写毫不夸张，这种物质的性质和煤油十分相似。

我从没见过液状石蜡这么能渗的东西。我们把它储存在船头，结果它从那儿一直渗到了船舱，一路上所向披靡，每件东西都遭了殃，包括船身在内；不仅如此，它还漏到了河里，污染了风景，连空气里都是液状石蜡的味儿。有时候油风从西边吹来，有时候是东边，北风南风，无一幸免；无论这风是来自北极的冰天雪地还是荒芜的沙漠，当它来到我们身边时，总是同样充斥着液状石蜡的气味。

渗漏的油也摧毁了日落和月光，它们都散发着液状石蜡的恶臭……

为了逃避它，我们弃船登桥，在镇子里走了一圈，但它阴魂不散地跟在我们身后，整座镇子都被油渗透了。（其实只是因为这几位旅行者的衣物散发着液状石蜡的臭味。）

煤油会弄湿油壶的外表面，这种特性让人们误以为它能渗透金属和玻璃。

永不沉没的硬币

这不是童话，几个简单的实验就足以让你亲眼见证，世上真有这样的东西。我们从小东西开始，比如，一根针。要让一根钢针浮起来，这根本不可能嘛，难道不是吗？但这其实没那么难。你可以在杯子里的水面上放一张烟纸，再在这张纸上放一根绝对干燥的针。接下来按照下面介绍的方法小心地移开烟纸：取另一根针或大头针，从中间轻轻将烟纸按到水里。被水没过的纸片会沉下去，但原来那根针却会继续

图61　一根漂浮的针
上图：这根针的横截面（宽2毫米）
和它在水面上造成的凹陷
（图中比例放大了2倍）
下图：如何利用一片纸让针浮起来

109

浮在水面上（图61）。如果在杯子外壁靠近水面的位置放一块磁铁，你甚至可以通过挪动磁铁让水面上的针转动起来。

有了一点经验以后，你可以彻底抛弃烟纸。你只需要捏住针的中段，让它平行于水面，然后在靠近水面的地方把它放下去。利用同样的方法，你可以让大头针（和针差不多，直径不能超过2毫米）、轻质纽扣或金属小物件浮在水面上。等你掌握了诀窍以后，就可以试一试硬币了。

这些金属物品之所以能浮起来，是因为它们在我们手上沾染了很薄的一层油脂，让水难以浸透。你甚至能看到，漂浮的针会把水面压得略微凹陷。水面倾向于回到原来的位置，由此产生的浮力把针托了起来，其大小等于被针排开的水的重量。当然，想让针浮起来，最简单的办法是在上面涂一层油，这样它就永远不会沉了。

筛子打水

这样的事也不仅仅存在于童话里。物理学可以帮助我们实现这个看似不可能的任务。准备一个直径15厘米的筛子，筛眼直径小于1毫米，然后把它浸没在熔化的石蜡里，让筛子表面覆盖一层薄得几乎看不出来的蜡膜。

筛子还是筛子，筛眼还是筛眼，大头针可以轻松穿过这些小孔，但现在你可以用它来装水了——甚至能装不少。只是在倒水进去时你得小心点，同时不能晃动筛子。

筛子里的水为什么不会漏？因为水无法浸湿石蜡，所以它会在筛眼上形成一层凸出的薄膜，正是这层膜托住了筛子里的水，所以它不会漏（图 62）。涂了蜡的筛子甚至能浮在水面上，这意味着你不光能用它来打水，还能把它当成一条船。

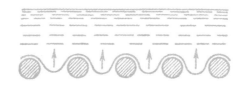

图 62　筛子为什么能装水

这个看似矛盾的实验解释了几件我们习以为常，以至于不会深思背后原因的事。我们会把柏油涂在桶和船上，用油涂抹软木塞和塞子，用油漆粉刷屋顶，总之就是用油性物质涂抹一切需要防水的物品。用橡胶处理布料的工艺和我们刚才描述的筛子浸蜡完全相同，只不过，筛子的案例看起来特别有噱头。

泡沫帮助工程师

让钢针或铜币浮起来的实验有点类似矿业里提高矿石"富集

度"的工艺，也就是增加矿石中矿物质的含量。工程师知道很多种处理矿石的方法，但我们最容易想到的是"浮选法"，它也是最棒的一种方法，哪怕其他方法都失败了，浮选法依然能成功。

浮选法的工艺如下：将磨细的矿粉送入水浴池，池子里装着水和油性物质的混合物，这些油性物质会在矿物质颗粒表面形成一层水无法浸透的非常薄的膜，然后向池子里吹入空气，由此形成大量小气泡组成的泡沫。被油膜包裹的矿物质颗粒会粘在气泡上，随泡沫一起上浮，就像气球从小船上升起来一样（图63）。没有被油膜包裹的矿石颗粒无法黏附在泡沫上，只能下沉。请注意，泡沫中的气泡比黏附于其上的矿物质颗粒大得多，所以它能轻松托起固体颗粒。这样一来，几乎所有矿物质颗粒都会随着泡沫一起上浮，工人可以把它们捞起来进行下一步加工，所谓的精矿（它的矿物质浓度是原矿的十几倍）就这样选了出来。浮选技术已经十分成熟，只要挑对试剂，你就能从原矿石中精选出任何一种矿物质。

顺便说一句，浮选法的发现出于偶然，它不是科学家根据理论推导出来的。19世纪末的某一天，一位名叫凯丽·艾弗森的美国女老师正在清洗一堆装过黄铜矿的油腻腻的麻袋。她无意中发现，麻袋里残余的黄铜颗粒

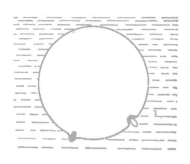

图63 浮选法的本质

随着肥皂泡一起浮了起来。正是在这件事的启发下，人们才发展出了浮选法。

伪永动机

有时候你会发现，下面这台奇妙的装置（图64）被吹嘘成了神奇的永动机。只要往容器里倒入油或者水，棉芯就会把它层层抽吸到更高的容器里。最上方的容器开了一个向外的槽，倾泻而出的油推动桨轮，使之旋转。流到最下面的池子里的油会被棉芯再次抽向高处。就这样，油会不断地倾倒在桨轮上，让轮子永不停歇地转下去。

如果描绘这台装置的人能不怕麻烦，亲自动一动手，他们就会发现，最上面的容器里连一滴油都不会有，更别说还要流出去推动桨轮。顺便提一句，其实我们不需要动手也能意识到这一

图64 不存在的永动机

点。其实，这台装置的发明者凭什么觉得油一定会从棉芯顶端滴落呢？没错，毛细作用产生的力的确能战胜重力，将油吸到棉芯顶部，但同样的力也会阻止油从被浸透的棉芯上滴落。就算我们假设毛细作用真能把油抽吸到这台伪永动机最上层的容器里，我们也不得不承认，这些油同样会顺着原本应该把它们向上抽吸的棉芯流回最下面的容器里。

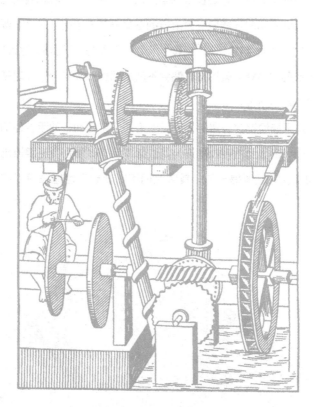

图65　古人设计的推动磨轮的水力永动机

早在1575年，意大利机械师"长者"斯特拉达就发明了一台水力驱动的机器，它和我们刚才描述的奇妙装置十分相似。图65描绘了这台有趣的设备。机器开动后，一台阿基米德式螺旋泵会将水抽到上层水槽里，然后这些水又会流出来，推动右下角的桨轮。桨轮带动一台磨机，同时通过几个齿轮推动我们刚才提到的那台阿基米德式螺旋泵，将水抽吸到上方水槽里。简单地说，螺旋泵推动了桨轮，桨轮又推动了螺旋泵！如果真的存在这样的奇妙装置，那它最简单的实现方式应该是在滑轮上搭一根绳子，然后在绳子两端系上相等的配重块。其中一个配重块下降时必然会把另一个配重块往上拉，等到第二个配重块下降，第一个又会升上去。这难道不是一台精妙的永动机吗？

吹肥皂泡

你知道该怎么吹肥皂泡吗？这事儿没有看起来那么简单。我以前也觉得，吹肥皂泡有什么难的？直到我亲眼看到，吹出漂亮的大泡泡的确需要经验。可是，就为了吹个肥皂泡，值得费这么大劲儿吗？看起来似乎很傻，难免，外行会觉得这是玩物丧志。但物理学家却有不同的看法。"吹一个肥皂泡，"英国物理学家开尔文说过，"然后观察它。这没准够你研究一辈子，你可以从中提炼出一堂又一堂物理课。"

事实上，肥皂泡最薄的膜上的神奇的彩虹色让这位物理学家得以测量光的波长，通过研究这些轻飘飘的膜的表面张力，他还归纳出了描述粒子间相互作用力的物理定律——如果没有这些同一的内聚力，整个世界都将不复存在，宇宙中只剩最细微的尘埃。

不过，下面的几个实验倒是没有这么宏大的目标，我把它们写出来只是为了寓教于乐，顺便教教你该怎么吹肥皂泡。英国物理学家查尔斯·波伊斯在《肥皂泡和塑造它们的力》一书中详细介绍了很多和肥皂泡有关的实验。所以，如果你对此感兴趣，请容我推荐这本精彩的著作。

下面我介绍的只是几个最简单的实验。普通的洗衣皂就可以——洗手的香皂就没那么合适了。不过你也可以使用纯橄榄油或杏仁油制作的肥皂，它们最适合吹漂亮的大泡泡。请小心地将一块肥皂溶化在纯净的冷水中，制成比较黏稠的溶液。纯净的雨水或雪水最好，但你也可以用冷却的沸水。为了延长肥皂泡的寿命，普拉托推荐以1∶3的比例将甘油加入溶液中，制成混合液。用勺子撇掉溶液表面的泡沫，然后将一根纤细的陶土管浸入溶液，充分浸透它的末端，包括内外两侧。长10厘米左右的秸秆也能吹出理想的泡泡，不过你得在它的末端切个十字豁口。

你的肥皂泡应该这样吹：将管子浸入溶液，使之保持竖直，让皂液在管口形成一层薄膜，然后轻轻吹另一头。因为肥皂泡里装着我们从肺里吹出去的温暖空气——它比房间里的空气轻一点——所以只要你能吹出直径10厘米左右的泡泡，它就会马上飘起来；如果吹不到这么大，你就得往溶液里再加点肥皂，直至达成这个目标。光这还不够，你还得换个法子测试。吹出泡泡以后，请用蘸了皂液的手指戳一戳它。如果它没有破，你就可以继续做下面的实验了。如果泡泡破了——再加点肥皂。做这个实验要慢，要小心，千万不能操之过急。房间里必须有充足的照明，否则你就看不到漂亮的彩虹色。下面有趣的实验就要开始了。

（1）泡泡里的花。在盘子或托盘里倒3毫米深的皂液，然后在盘子中间放一朵花或者一个小花瓶，并用玻璃漏斗把它盖起来。慢慢提起漏斗，同时从漏斗尾部往里面吹气，制造一个肥皂泡。等到泡泡足够大以后，倾斜漏斗，如图66所示，得到独立的肥皂泡。你的花或花瓶会被罩在一个闪耀着彩虹光泽的透明半圆肥皂泡里。你还可以用一个小雕像取代实验步骤里的花，像图66里那样在它头顶吹一个小肥皂泡。想吹出小泡泡，你必须先在雕像上洒点儿皂液，再吹大泡泡，然后用一根管子

图66　肥皂泡

伸进大泡泡里面，在雕像头顶上吹出小泡泡。

（2）嵌套泡泡（图66）。用上一个实验里的漏斗吹一个大泡泡，然后将一根秸秆浸入皂液，浸得深一点，只留下你要吹的那头在外面。将秸秆轻轻伸进大泡泡里，直至秸秆末端抵达圆心，然后慢慢往外抽动秸秆，但不要完全把它抽出来，一边抽一边吹第二层泡泡。重复上述步骤，在第二层泡泡里面吹第三层，第三层里面吹第四层，不断循环。

图67　圆柱体肥皂泡的制作方法

（3）圆柱形泡泡（图67）。要做这个实验，你得准备两根线圈，在其中一根线圈上吹一个普通泡泡，也就是图中的下半部分。然后用皂液将第二根线圈浸湿，并把它放在第一个泡泡顶部。向上提拉线圈，让泡泡形成一个圆柱。请注意，如果你向上提拉的高度超过了

图68　被肥皂泡薄膜推开的空气晃动了蜡烛火苗

118

线圈的周长，那么这个圆柱体有一半会收缩，另一半会膨胀，直至泡泡一分为二。

肥皂泡的薄膜始终处于张力状态下，它会对肥皂泡内部的空气产生一个压力。如果把漏斗末端放到蜡烛火苗旁边，你会看到，这层薄膜的力并不像你可能以为的那么微不足道——火苗会出现相当明显的晃动（图68）。

如果泡泡从一间温暖的屋子飘到比较冷的地方，你会观察到有趣的现象：它会缩小一大圈。反过来，如果从冷的屋子进入温暖的屋子，肥皂泡则会膨胀。这自然是肥皂泡内部的空气收缩或膨胀造成的结果。如果你能在 −15 摄氏度的冰天雪地里吹一个 1000 立方厘米的肥皂泡，再把它带到一个室温 15 摄氏度的房间里，它的体积大约会膨胀 110 立方厘米（$1000 \times 30 \times \frac{1}{273}$）。

我必须说的是，有时候肥皂泡并不像人们通常以为的那么短命。如果小心对待，它能维持 10 天，甚至更久。以研究空气的液化而闻名的英国科学家杜瓦曾将肥皂泡保存在特制的瓶子里，以隔绝尘埃、干燥和振动的影响，有些肥皂泡维持了一个月以上。美国的劳伦斯用钟形玻璃罩保存的肥皂泡维持了好几年。

最薄

很少有人知道，肥皂泡是你用裸眼能看到的最薄的东西之一。

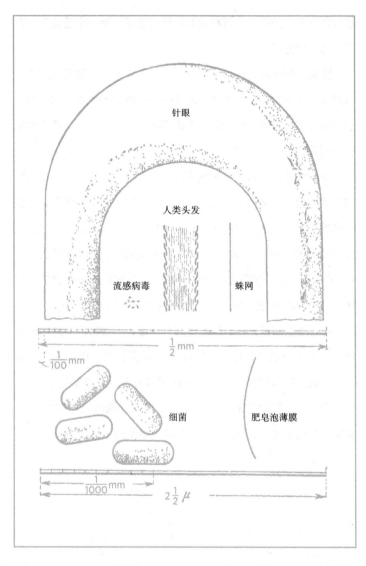

图69 上图：放大200倍的针眼、人类头发、流感病毒和蛛网
下图：放大40000倍的细菌和肥皂泡薄膜

与肥皂泡的薄膜相比，我们平时用来表达"很薄"这个概念的东西都很厚。你会说某样东西"薄得像头发"或者"薄得像烟纸"，但头发或烟纸要比肥皂泡的薄膜厚5000倍。人类头发的厚度放大200倍差不多能达到1厘米，但要是把肥皂泡薄膜的厚度放大同样的倍数，它还是薄得几乎看不见；你得再放大200倍，才能看见一条细线。在同样的倍数下（放大40000倍）你的头发厚度已经超过2米了，就像图69里画的那样。

不用弄湿手指

取一个大盘子，在里面放一枚硬币，然后加入足够的水，直至没过硬币。邀请你的客人在不弄湿手指的前提下把硬币取出来。好像不可能，对吧？

但只要有一个杯子，几张纸，我们可以轻松解决这个问题。取一张纸，把它点燃，趁它还在燃烧时把它放进玻璃杯，然后迅速把玻璃杯倒扣在盘子里。纸熄灭后，玻璃杯里会充满白色的烟雾，而且盘子里的水全部会被吸到杯子里面。硬币自然会留在原地。一两分钟后，等到硬币表面的水干了，你就可以把它拿起来，完全不用弄湿手指。

是什么力量把水吸到了玻璃杯里，并将水面维持在一定的高度？答案是大气压力。燃烧的纸加热了杯子里的空气，导致气压

图70　如何在不弄湿手指的前提下取出硬币

升高，于是一部分空气被挤了出去。等到纸熄灭后，空气重新冷却下来，杯子里的气压又会降低。于是杯子外面的气压就会把盘子里的水挤到杯子里去。你也可以用插在软木塞上的火柴取代燃烧的纸，就像图70里那样。

虽然这个实验十分古老（最早描述并正确解释这个实验的物理学家是拜占庭的费隆，他生活在公元前1世纪左右），但直到现在，仍有人对它做出错误的解释。他们说，水之所以会流进玻璃杯，是因为"燃烧消耗了氧气"，所以杯子里的气体减少了一部分。这个说法大错特错。水之所以会流进玻璃杯，唯一的原因是杯子里的空气被加热了，与燃烧消耗氧气完全无关。你可以用下面的方法验证我的话：加热玻璃杯时，用沸水取代燃烧的纸，你会发现，结果完全一样。或者把纸换成浸透酒精的棉球，它燃烧的时间更长，空气也会被加热到更高的温度，接着你会看到，水面差不多会升到玻璃杯一半的高度——别忘了，氧气与空气的体积占比只有20%。最后，请注意，虽然燃烧的确会"消耗"氧气，但它也会产生二氧化碳和水蒸气。虽然二氧化碳能溶于水，但水蒸气会留下来，部分取代氧气的位置。

我们怎么喝东西?

这也算是问题？可以算。想喝东西了，我们会把杯子或勺子里的液体举到唇边，然后喝掉它。我们现在想要解释的正是这个大家司空见惯的动作。真的，液体为什么会跑到我们嘴里？是什么力量让它这样？喝东西时，我们的胸腔会扩张，导致嘴里的空气变得稀薄。外界空气的压力迫使液体流向压力更小的地方，所以它才会流进我们嘴里。如果我们让某根连通管里的空气变稀，那它里面的液体也会做出同样的反应。气压会迫使这根管子里的液面上升。如果用嘴封住瓶口，你就没法把瓶子里的水吸进嘴里，因为你嘴里的气压和瓶子里水面上方的气压完全相等。所以严格说来，我们喝东西用的不仅是嘴，还有胸腔，因为是胸腔的扩张迫使液体流进嘴里。

改进漏斗

用漏斗往瓶子里倒过液体的人都知道，你得时不时地把漏斗提起来一点，否则液体会滞留在漏斗里。这是因为瓶子里的空气找不到出口，所以它就把漏斗里的液体堵住了。每当有新的液体进入瓶子，瓶子里的空气就会被压缩一点，这些被压缩的空气产生的气压越来越大，最终抵消了漏斗里液体的重量产生的压力。这时候你把漏斗提起来，被压缩的空气就有了出口，液体才能继续往下流。所以要改进漏斗，应该在它的尾部增加一个凸檐，以免漏斗堵住瓶口。

一吨木头和一吨铁

一吨木头和一吨铁，哪个更重？有人会不假思索地回答铁更重，引得人们哄堂大笑。要是有人回答木头更重，提问的人大概会笑得更大声。这个答案看起来匪夷所思，但严格说来，它是对的。

重点在于，阿基米德定律不仅适用于液体，也适用于气体。空气中的任何物体都会"损失"一部分重量，其大小等于它排开的空气重量。木头和铁都会损失一部分重量，所以要计算它们的真实重量，你必须把损失的这部分加回去。这样一来，在我们的例子里，木头的真实重量应该等于一吨加上它排开的空气重量。

铁的重量也等于一吨加上它排开的空气重量。但一吨木头占据的体积远大于一吨铁——大约有15倍之多。因此，一吨木头的真实重量大于一吨铁的真实重量。或者换个说法：在空气中称出来重一吨的木头，其真实重量大于在空气中称出来重一吨的铁。

由于一吨铁占据的体积是1/8立方米，而一吨木头的体积大约是2立方米，二者排开的空气重量之差大约是2.5千克。这正是一吨木头和一吨铁的真实重量之差。

没有重量的男人

轻得像羽毛一样——顺便说一句，尽管大家都觉得羽毛很轻，但羽毛其实比空气重几百倍；羽毛之所以能飘在空中，是因为它的"翼展"很大，所以它受到的空气阻力比自己的重量大得多——想变得比空气还轻，挣脱重力的束缚，自由地飞向天空，这是很多孩子甚至成人的梦想。但他们忘了，自己之所以能毫不费力地四处行走，正是因为他们比空气重。

"我们生活在空气海洋的海底。"这是托里拆利的名言。如果我们的体重突然减少为原来的1/1000，变得比空气还轻，那我们必然浮向空气海洋的海面。我们会上升好几英里，直至到达稀薄的空气和我们的身体一样重的区域。在山谷上方自由翱翔的梦想就此破灭，我们的确挣脱了重力的束缚，但同时又会被其他的力捕获——这些力来自气流。

H．G．威尔斯写过一个故事，一个特别胖的男人想摆脱体重的累赘。故事的叙述者拥有一份魔力啤酒的配方，这种啤酒能帮人甩掉多余的体重。胖子按照配方调制出啤酒，然后喝了下去。接下来发生的事情是这样的：

图71 "他就在离门楣不远的地方"

门一直没有打开。

我听见钥匙转动，然后是佩克拉夫特的声音，"进来。"

我转动把手，打开了门，自然觉得佩克拉夫特就在房间里。

可是，呃，他不在里面！

我这辈子从来没有这么惊讶过。他的起居室里一片凌乱，盘子散落在书籍和文具中间，几把椅子东倒西歪，但佩克拉夫特——

"没事，哥们，把门关上。"他说。这时候我终于找到了他。

他就在门上的角落里，离门楣不远，就像被谁用胶水粘在了天花板上。他的表情既紧张又恼火。他一边喘气，一边打着手势。"关门，"他说，"要是被那个女人发现了——"

我关上门，退开几步，瞪着他。

"要是胶带松了，你从上面掉下来，"我说，"那会摔断脖子的，佩克拉夫特。"

"我倒是想下来。"他气喘吁吁地说。

"以你的年龄和体重，总不会是在做什么体操吧——"

"别说了。"他打断了我的话，看起来相当恼火。

"我会告诉你的。"他挥动双手。

"这到底是怎么回事，"我说，"你怎么会卡在上面？"

就在这时，我突然意识到，他根本没有卡在上面，而是飘在上面——就像一个充满气的气囊。他开始挣扎着推动自己的身体离开天花板，顺着墙壁朝我挪动。"都怪那张药方，"他喘着大气，"你那份了不起的——"

说话间他无意中抓住了一个雕花画框，那幅画"啪"地砸向沙发，他的身体又朝着天花板飘了回去。他"砰"的一声撞在天花板上，这时候我才明白，为什么他身上到处都是白线和尖角留下的痕迹。他再次开始小心翼翼地尝试，顺着壁炉架往下爬。

这真是一幕奇景，一个体形庞大、看起来像是中了风的胖子头下脚上，试图从天花板爬到地板上。"那张药方，"他说，"效果太好了。"

"怎么回事？"

"减轻体重——都快减没了。"

这时候，当然，我终于明白了。

"天哪，佩克拉夫特，"我说，"你想解决的问题是肥胖！

127

但你挂在嘴边的却是体重。你说你想减重。"

但我心里某个地方一下子高兴起来，那一刻我真是爱死佩克拉夫特了。"我来帮你！"我抓住他的手，把他拽了下来。他双脚乱蹬，试图找个落脚之处，感觉真像在大风天里举着一面旗子。

"那张桌子，"他一边说一边指，"是硬桃花心木的，很沉。如果你能把我挪到它下面……"

我照办了，他像个被束缚的气球一样滚到了桌子下面，我站在旁边的地毯上跟他说话。

……"有一件事，"我说，"你绝对不能做。一旦离开室内，你就会一路飘向……"

我建议他适应一下自己的新处境。于是我们谈起了该如何理性地处理这件事。我提出，对他来说，学着用手在天花板上走路应该不难——

"这样我没法睡觉。"他说。

但这不是什么大问题。我指出，我们完全可以把弹簧床垫改造一下，用胶带把它固定住，再在床垫侧面钉一些扣子，以便把毯子、床单和床罩固定在上面。他必须向女管家坦白现在的情况。经过一番争执，他同意了我的意见。（后来我们非常愉快地看到，那位好女士出色地完成了这些了不起的改造。）他可以在房间里搭个书架梯，把所有餐食送到书架顶上。我们还偶然找到了一件方便的设备，能帮他随心所欲地下到地面上——只需要在开放式书架最上层放一套《大英百科全书》

（第10版）就行。他如果想下来了，只要从中抽出几本，书的重量就能把他的身体拉下来。我们还达成了共识，一定得沿着踢脚线装一排订书钉，他想在低处移动，这些钉子可以充当扶手……（接下来，你知道的，我那要命的聪明脑袋冒出来了一个主意。）当时我坐在他的壁炉旁，喝着他的威士忌，他飘在门楣旁那个最爱的角落，努力把一张土耳其地毯钉到天花板上，就在这时，那个主意从我的脑子里冒了出来。"天哪，佩克拉夫特！"我说，"其实我们完全没必要搞得这么麻烦。"

我还没来得及想清楚这个主意会造成什么后果，就把它说了出去。"铅制的内衣。"我说，覆水就此难收。

听了我的话，佩克拉夫特都快哭了。"为了正本清源！"他说。

我一股脑把自己的想法全都说了出去，但那时候我根本不知道后来会发生什么。"买一批铅板，"我说，"把它切割成小块，缝在你的内衣上，直到你获得足够的配重。把鞋底换成铅板，再在身上揣一袋固体的铅，这就完事儿了！不用被困在这里，你没准还能和以前一样出国，佩克拉夫特，你可以旅行——"

另一个更快乐的念头击中了我。"你再也不用担心船难了。如果真的遭遇不幸，你只需要脱掉几件衣服，或者干脆全脱掉，然后拎起必需的几件行李飘到空中——"

乍看之下，这些情节似乎完全符合物理定律，但也不算无懈可击。首先，就算佩克拉夫特完全失去了重量，他也根本不会飘到天花板上。回忆一下阿基米德定律。佩克拉夫特想"浮"向天花板，除非他的衣服和兜里所有东西加起来的重量小于被他肥胖的身躯排开的空气的重量。我们很容易就能算出这个体积的空气有多重。一个体重60千克的人体积约等于60千克的水。正常的空气密度是水的1/775，所以这个人排开的空气重量只有80克。哪怕佩克拉夫特真的很胖，他的体重也很难超过100千克。由此推算，他排开的空气重量不超过130克。毫无疑问，佩克拉夫特的衣服、鞋子、手表、钱包和其他个人物品加起来的重量肯定超过这个数。在这种情况下，这位胖子应该继续停在地面上。是的，他大概会觉得自己有点站不稳，但绝不会"像气球一样"飘到天花板上，除非他浑身上下一丝不挂。只要穿了衣服，他就会像绑了个弹力球一样，只要稍微用点力就会跳得很高，但总会慢慢降落到地面上，当然，是在没风的情况下。

永动钟

你已经对永动机和制造这类机器的徒劳尝试有了一定的了解。现在请让我介绍另一种自然驱动的机器，因为它能从自然界取之不竭的能源中汲取动力，持续运行，不需要任何人为的干预。大家应该都见过气压计，不论是水银气压计，还是无液气压计。水银气压计的水银柱会随着大气压力的变化上升或下降。无液气压计的指针也是由大气压力推动的。

18世纪的一位发明家利用这一原理制造了一台永远不会停的自上弦钟。1774年，著名的英国机械师兼天文学家詹姆斯·弗格森见到了这台装置，他是这样描述它的："我见到了这台钟，设计巧妙的气压计里水银柱永不停歇的升降为它提供了动力，所以它永远不会停。只要水银柱积累的动力足以让这架钟运行一年，那么哪怕撤掉气压计，我们也没有理由认为它会停。坦白地说，我不得不承认，经过详细的检查，我认为这台钟是我有生以来见过的最巧妙的机械装置，无论是设计还是工艺。"

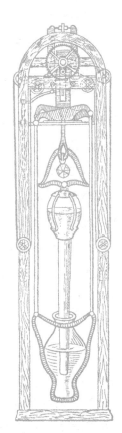

不幸的是，后来这台钟被盗了，谁也不知道它的下落。幸好弗格森为它绘制了几张图纸，所以我们可以把它复制出来。

它的主要结构是一台巨大的水银气压计，两根固定在框架里的玻璃管装着约150千克重的水银，其中一根的管口插在另一根管子里。两根管子都能独立活动，气压上升时，一套设计巧妙的杠杆会让上面的管子下降、下面的管子上升。一旦气压下降，两根管子又会反向

图72 18世纪的一台
自然驱动机

运动。它们提供的力迫使一个小齿轮始终朝同一个方向运动，只有气压稳定了，齿轮才会停下来。不过，在这样的间歇时间里，平时积累的势能还会继续推动这台钟。配重不论升降都一样能给钟上弦，要实现这一点并不容易，但古代的钟表匠就是这么心灵手巧。有时候甚至会发生这样的情况：气压变化产生的能量远远超过了需要的量，导致配重还没降到底就开始上升，所以他们必须设计一个特殊的装置来定期切断配重的能量来源，以免它没完没了地一直上升。

显然，这类自然驱动的机器和永动机有本质区别。这种机器的能量不是凭空产生的，而永动机的发明者孜孜以求的却是这个目标。它有一个外部的能量源——在我们介绍的这个案例里，驱动钟表的是储存在周围大气中的太阳能。从实际生活的角度来说，自然驱动机器能提供和永动机（如果它真能被发明出来的话）一样的便利，而且在大多数情况下，它没有永动机那么劳民伤财。

稍后我会介绍其他自然驱动机械，并解释为什么这类装置在商业上完全无利可图。

拓展延伸

1. 醒酒器的形状千姿百态，往里面加入需要醒的红酒吧，用你在本章中学到的方法，大致测算一下它对容器底面产生的压力。

2. 浸没在液体中的物体哪个位置承受的压力最大？顶面、侧面，还是底面？

3. 平衡的天平一边放着一罐水和一个小的配重块，如果将配重块用绳子系起来放进水罐里，天平会继续保持平衡吗？

4. 医院输液瓶里的液体为何能通过管子输入你的体内？

5. 为什么吹出的肥皂泡是先上升，再下降？

6. 如果将点燃的纸放进玻璃杯，然后把杯子倒扣在装水的盘子里，水会自动聚拢到杯子里，为什么会出现这种现象？

7. 平衡的天平一端放着一根棍子，另一端放着砝码，如果将天平放到真空的钟罩下面，它会失去平衡吗？

8. 如果你失去了重量，但你的衣服却没有，你会飞到空中吗？

第六章

热

奥克特亚布斯卡亚铁路什么时候更长?

要问奥克特亚布斯卡亚铁路有多长,有个人这样回答:"它的平均长度是640千米,但夏天比冬天长300米左右。"

这个答案其实没有看起来那么荒谬。如果说铁路的长度等于铁轨的长度,那么它在夏天的确比冬天更长。别忘了,热会让铁轨变长——温度每增加1摄氏度,铁轨的长度会膨胀1/100000以上。在炎炎夏日,铁轨的温度可达30至40摄氏度以上,甚至热得烫手。到了冬天,铁轨又可能冷却到 -25摄氏度以下。假设夏天和冬天的温差是55摄氏度,用铁路的总长度(640千米)乘以0.00001,再乘以55,算出的结果大约是1/3千米。所以,从莫斯科到彼得格勒的铁路在夏天确实比冬天长1/3千米,也就是300米左右。

当然,变化的并不是铁路本身的长度,而是所有铁轨的长度之和。这是两回事,因为铁路上的轨道并不是一根紧挨着一根铺设的。铁轨的接头处都预留了一点空间,以供轨道受热膨胀(8

米长的铁轨会预留6毫米的缝隙，要填满这条缝隙，温度需要升高65摄氏度。出于技术上的某些原因，我们不能在电车轨道上预留缝隙。但电车轨道一般不会因此弯曲变形，因为它们都被埋在地里，所以温度对它们的影响没那么大，而且人们在固定轨道时采用的工艺也有预防变形的作用。不过，碰上天气很热，电车轨道的确会变形，如图73所示，这幅图是根据真实照片绘制的。有时候铁轨也会弯曲。火车在下坡时会对轨道产生一个拉力——有时候就连枕木也会受到影响。这样一来，某些路段预留的接缝往往会消失，相邻的铁轨就抵到了一起）。我们刚才的计算表明，铁轨的总长度的确会增加，挤压一部分预留的缝隙空间，所以，我们提及的这条铁路在炎热的夏日的确要比在寒冷的冬天长300米。

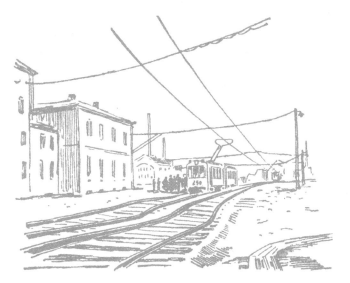

图73　天气特别热，电车轨道弯曲变形

抓不到的小偷

在莫斯科和彼得格勒之间的铁路上，每到冬天，就有几百米昂贵的电话电报线会消失得无影无踪，但从来没人操心这事儿，大家都知道罪魁祸首是谁。我想你现在也猜到了，偷走电话线的小偷当然是霜冻。铁轨会热胀冷缩，电话线也一样。唯一的区别在于，铜制电话线在受热时的膨胀率是钢铁的1.5倍。考虑到电话线没有预留的缝隙，我们可以说，莫斯科到彼得格勒的电话线在冬天的确比夏天要短500米。每个冬天，霜冻都会偷走近0.5千米长的电话线，却不会遭到任何惩罚！但这完全不会影响电话电报通讯。等到夏天来临，这些被偷走的电话线又会原封不动地还回来。

但桥梁和电话线不同，霜冻引起的收缩可能对桥梁产生可怕的影响。1927年12月，报纸上出现了这样一条新闻：近期法国罕见的霜冻严重破坏了巴黎市中心塞纳河上的桥梁。受其影响，这座桥的钢结构发生了收缩，导致路面崩飞，目前这座桥已经暂时关闭。

埃菲尔铁塔有多高？

如果我现在问你，埃菲尔铁塔有多高，在回答"300米"之前，你或许想了解一下天气——是冷还是暖？说白了，这样一个巨型钢结构建筑的高度不可能在所有温度下都一样。我们知道，温度每升高1摄氏度，300米长的钢棍就会膨胀3毫米。因此，埃菲尔铁塔的高度也应该随着温度以这个速率增长。要是阳光灿烂、天气温暖，巴黎这座铁塔的钢结构可能会被加热到40摄氏度以上，而在寒冷的雨天，它的温度可能会下降到10摄氏度，冬天甚至可能降温到0摄氏度以下，最低可达 −10摄氏度（严重的霜冻天气在巴黎十分罕见）。温度的波动高达40摄氏度以上，这意味着埃菲尔铁塔的高度变化范围可达 3 × 40=120 毫米，也就是12厘米左右。

通过直接的测量，我们发现，埃菲尔铁塔对温度波动的敏感度大于空气本身。阴天突然出太阳，它升温、冷却的反应速度都更快。测量埃菲尔铁塔高度的工具是一根特殊的镍钢绳，它的长度几乎不受温度波动的影响。这种奇妙的合金被命名为"因瓦合金"（invar），取"不变"（invariable）之意。

所以，高温天气里的埃菲尔铁塔比寒冷天气时高12厘米左右，而且多出来的这部分钢材一个子儿也不用花。

从茶杯到水位尺

把茶倒进玻璃杯之前，有经验的主妇会在杯子里放一个茶匙，尤其是银质的茶匙，以防玻璃炸裂。实践表明，这是个有效的解决方案。

但它背后的原理是什么呢？热水为什么会让玻璃杯炸裂？

因为玻璃发生了不均匀的膨胀。你把热水倒进玻璃杯时，杯子不是一下子整个热起来的。刚开始，内层的玻璃已经热了，但外层还是冷的。被加热的内层会立即膨胀。与此同时，由于外层没有膨胀，它会受到一个来自内部的强压力，一旦外层破裂，整个玻璃杯就炸开了。

别以为厚壁杯就不会炸。恰恰相反，厚壁杯炸得比薄壁的还快。因为薄的杯壁被加热的速度更快，它的温度和膨胀都会更快趋于均匀。反过来说，厚壁杯热起来就很慢。

购买薄壁玻璃器皿，你得牢记一件事——确保杯子的底部也很薄，因为杯底是最主要的受热位置。如果玻璃杯的底很厚，那么不管它的杯壁有多薄都很容易炸裂。底部比较厚的玻璃杯和瓷杯也同样难逃厄运。

玻璃器皿的壁越薄，它在受热时就越安全。化学家用的玻璃器皿就特别薄，这些器皿可以直接放在酒精灯上烧水。

理想的器皿应该在加热时完全不会膨胀。石英基本能满足这个要求：它的膨胀率是玻璃的1/20至1/15。厚壁的透明石英容器在加热时绝不会炸裂，哪怕你把它烧得发红再立即浸到冰水里（石英容器很适合用来做实验，因为它的熔点高达1700摄氏度）。这有一部分是因为石英导热的速度比玻璃快得多。

玻璃杯不仅在快速受热时会炸裂，快速降温也同样如此。这时候惹祸的是不均匀的收缩。冷却过程中，杯壁外层收缩，向尚未冷却收缩的内层施加一个很大的压力。精明的主妇不应该把热的果酱罐放到冷的地方甚至冷水里。

不过我们回过头来说一下茶匙。它为什么能预防玻璃杯炸裂？只有在很烫的水倒进杯子的瞬间，玻璃杯的内外层才会出现膨胀不均匀的情况。温水不会让玻璃杯炸裂。放进杯子的茶匙有什么用？在你倒水时，金属茶匙会吸收水的一部分热量，因为它的导热性比玻璃强。热水的温度下降以后基本上就安全了，因为现在它成了温水。与此同时，玻璃杯的温度也升高了，继续倒热水也不会让它炸裂。

简单来说，金属茶匙（尤其是比较沉的茶匙）能抵消玻璃杯不均匀的受热，防止它炸裂。

但银匙的效果为什么更好？因为银是优秀的热导体，它从水里带走热量的速度比铜更快。放在热茶里的银匙摸起来是烫手的，铜匙却不会，所以你很容易判断茶匙是什么材料制成的。

玻璃的不均匀膨胀威胁的不仅是茶杯，还有锅炉的一个重要元件——显示水位高度的标尺。在热水和热蒸汽的熏蒸下，水位尺——它实际上就是玻璃管——的内层膨胀得比外层快。这些管子本来就承受着蒸汽和热水造成的高压，不均匀的膨胀又额外增添了一部分压力，所以你应该明白，它们为什么那么容易炸裂。为了避免这样的悲剧，人们有时候会用两种不同的玻璃制作双层的水位尺，内层玻璃的膨胀率小于外层。

澡堂里的靴子

"冬天为什么昼短夜长，而夏天却相反？冬天的白昼之所以更短，是因为白天和其他所有东西（无论是看得见的还是看不见的）一样，天气变冷就会收缩；而夜晚之所以会膨胀，是因为夜里亮起的灯和台灯让它的温度变高了。"这番"解释"简直傻得令人发笑，它出自契诃夫笔下的退休近卫哥萨克骑兵。但嘲笑这种看似"有学问"的推理的人自己有时候也会提出同样傻瓜的理论。你有没有听人说过，你在澡堂里很难穿上靴子，是因为"烫过的脚变大了"？这个说法相当经典，但它错得离谱。

首先，澡堂基本不会让你的体温升高——至少不会升高1摄氏度以上。只有土耳其浴有可能让你的体温升高2摄氏度。我们的身体能成功抵御外界的高温，将自身的温度维持在一个稳定的水平。此外，体温"升高"这么一点儿对身体本身尺寸的影响小得可以忽略不计，你在穿靴子时根本感受不到这样的差距。我们身上的骨头和皮肉膨胀率最多只有万分之几。所以你的脚底和脚背最多膨胀0.01厘米——不会更多了。靴子和鞋的缝制精度不可能有这么高。归根结底，0.01厘米相当于一根头发丝的粗细！

虽然你洗过热水澡以后，靴子确实难穿，这是个事实，但这不是因为我们的脚受热膨胀了，而是因为血液大量流向脚部，导致皮肤扩张，与此同时，潮湿的皮肤变得更软——简单来说，这些因素才是真正的原因，和受热膨胀完全无关。

如何创造奇迹?

亚历山大的希罗是古希腊的一名数学家,希罗喷泉就是他发明的。他记载了两种奇妙的方法,埃及的祭司利用这些方法来制造"奇迹",吸引人们。

图74描绘了一台这样的装置,它的主体是寺庙门前一座中空的金属祭坛,藏在地板下的机关可以打开寺庙大门。人们焚香时,中空祭坛里受热的空气会对地板下方容器里的水产生很大的压力,于是水通过管子流进一个桶里,桶受力下降,推动机关,打开庙门(图75)。当然,信徒会觉得自己亲眼见证了"奇迹"——祭司焚香祷告,庙门自动打开。他们当然不知道地板下藏着机关。

图74 埃及庙宇的"奇迹"背后的解释。祭坛一焚香,庙门就会打开

图75　庙门打开的原理示意图
（请对照图74）

图76　古代祭司创造的另一种伪造奇迹。
献祭的火焰如何"永恒地"燃烧？

祭司安排的另一种假"奇迹"如图76所示。只要点燃香火，膨胀的空气就会迫使地板下方油箱里的燃料流进祭司雕像内隐藏的管路。信徒们目睹了火焰永恒燃烧的"奇迹"。不过，如果管事的祭司认为人们奉献的祭品太少，他就会悄悄拔掉油箱盖子上的塞子，燃料就不会继续流动了，因为现在，被加热的空气可以自由地排出去了。

自上弦钟

在上一章的末尾，我介绍了一台自上弦钟，它的动力来自气压的变化。现在我再介绍几种类似的自上弦钟，它们的动力来自

144

热膨胀。图77描绘了一台自上弦钟的工作机制。它的核心元件是特殊合金制成的两根杆子 Z_1 和 Z_2，它们的膨胀率很高。膨胀后的杆 Z_1 上端会伸进齿轮 X 的轮齿，推动它旋转。同时，膨胀后的杆 Z_2 上端会伸进齿轮 Y 的轮齿，推动它朝同样的方向旋转。这两个齿轮都安装在轴 W_1 上，这根轴又会带动另一个外缘有勺的大轮子。轮子上的勺舀起斜槽 R_1 低处的水银，并通过倾斜方向相反的槽 R_2 将这些水银送往左侧另一个同样带勺的轮子。水银填满轮子外缘的勺，推动轮子旋转，带动链条 K 绕 K_1 轮——它和大轮子 W_2 同轴——转动，最终带动 K_2 轮，给钟上弦。与此同时，左侧轮子外缘的勺子又会将水银倒在斜槽 R_1 里，这些水银顺着斜槽流向右边的轮子，循环重新开始。

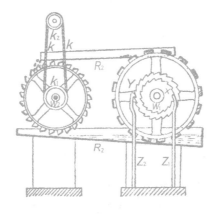

图77　自上弦钟的示意图

显然，随着杆 Z_1 和 Z_2 的膨胀和收缩，这架钟会不停地走下去。它的动力来自气温的交替升降，不需要我们的任何干预。既然如此，这类钟可以算是永动机吗？当然不是。的确，只要机关没坏，这架钟就会一直走下去，但推动它的是周围空气提供的热量。它只是把热膨胀所做的功存了起来，然后利用这些功一点一滴地推着指针走动。自上弦钟实际上是一台自然驱动机，因为它不需要人照看，也不需要你给它提供能量。但它的能量不是凭空制造出来的，而是来自太阳的热量，太阳加热了整个地球。

图78和图79画出了另一种原理类似的自上弦钟样本，甘油

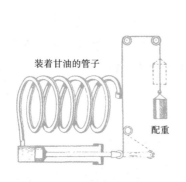

装着甘油的管子

配重

图78　另一种自上弦钟的示意图

图79　自上弦钟
（装甘油的管子藏在钟座里）

是它的核心元素。气温上升时，甘油会膨胀，从而拉动一个小配重块上升。配重块下降时会驱动钟表。由于甘油要到 −30 摄氏度才会凝固，沸点则是290摄氏度，所以它很适合作为城镇时钟的动力来源。2摄氏度的温度波动足以驱动钟表，曾经有人对一台这样的钟做了一整年的测试，结果非常满意。

我们能不能把这类机器造得更大一点，从而获得更多收益？

乍看之下，这样的自然驱动机似乎相当经济。但我们不妨看看，事实是否果真如此。要给一台普通钟表上弦，让它能走24个小时，只需要消耗1/7千克·米的能量，仅相当于1千克·米/秒的1/600000。考虑到1马力等于75千克·米/秒，那么这台钟走24小时消耗的能量仅仅相当于1/45000000马力。既然如此，哪怕我们刚才介绍的第一台钟使用的杆子和第二台钟的上弦结构成本只有1戈比，它们制造出1马力能量的总成本也将高达45000000戈比，或者说45万卢布。要我说的话，花这么多钱就为了获得1马力的能量，这种靠自然驱动的机器的成本未免太高了一点。

引人深思的香烟

图80画了一支放在火柴盒上的带吸嘴的香烟，它的两头都在往外冒烟，但其中一头的烟雾是向上卷的，另一头的则飘向下方。这是为什么？归根到底，这两头冒出来的烟不都一样吗？烟雾本身确实没什么区别，但在香烟燃烧的那一头，温暖的上升气流会带着烟雾颗粒向上飘。与此同时，烟嘴那头携带烟雾颗粒的空气已经冷却下来，不再上升；而烟雾颗粒比空气重，所以它会下沉。

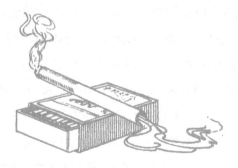

图80　为什么一头的烟雾往上飘，另一头的往下沉？

在沸水里也不会融化的冰

取一支试管，在里面装满水，再放入一块冰。为了让冰块沉在管底——因为冰比水轻，所以它会浮起来——请用一个小配重块压住它，以确保冰块完全被水淹没。现在，用酒精灯加热水，但火焰只能接触试管上半部分，如图81所示。水很快就会沸腾，冒出蒸汽。奇怪的是，试管底部的冰块却不会融化。你可能觉得这是个小奇迹——在沸水里也不会融化的冰块！

关键在于，试管底部的水根本没有沸腾，它还是冷的。

图81　上层的水已经沸腾，但沉在管底的冰还没融化

148

事实上，这个实验里的冰块根本不在沸水"里面"，而是在沸水"下面"。受热的水会膨胀变轻，所以它不会沉向底部，而是停留在试管的上半部分。热水和半热半冷的水都只存在于试管的上半部分，热只有通过导体才能向下流动，但水是热的不良导体。

上面还是下面？

烧水时，我们会把装水的容器放在火焰的正上方，而不是旁边。这样做是对的，因为热会迫使容器下方的空气向上流动，最终包裹整个容器，所以要充分利用热源，最有效的方式就是直接把容器放在火焰的正上方。

但要是我们想用冰块冷却某样东西，那又该怎么办呢？很多人会把自己想冷却的东西——比如说一罐牛奶——放在冰块上面。这是错误的做法。因为冰块上方的空气冷却后会下沉，周围更暖和的空气会涌过来填补它原来所在的位置。所以，如果你想冷却一瓶饮料或一个盘子，不要把它放在冰块上面，而是把冰块放在它上面。

我再说得清楚一点。如果你把一罐水放在冰块上面，那么只有最底层的水会变凉，剩下的水都被周围未冷却的空气包裹。但要是我们把冰块放在容器的盖子上，水变冷的速度就会加快很多。上层冷却的水会下降，与此同时，下层温度较高的水会上升，取代它们原来所在的位置。这个过程不断循环，直至整罐水变凉（请注意，这种方法无法将纯水冷却到零度，最多只能冷却到4摄氏度——这个温度下水的密度最大。当然了，我们也没打算把饮料冷却到0摄氏度）。与此同时，冰块周围被冷却的空气也会下降，包裹整个容器。

来自紧闭窗户的风

哪怕窗户关得紧紧的，我们也常常感觉到一阵微风拂来，但谁也不知道这是为什么。这种看似奇怪的现象其实一点也不出奇。

在现实生活中，一个房间里的空气永远不会完全静止下来。随着空气不断受热、冷却，看不见的气流也会周而复始地循环。空气在受热时会变得更稀薄、更轻盈，冷却时又会变得更稠密、更沉重。

窗户和外墙附近沉重的冷空气会坠向地面，迫使轻盈的热空气升向天花板。一个玩具气球能让你一下子就看清空气的循环。请在气球上系一个小配重块，让它悬浮在半空中。在壁炉或暖气片附近释放气球，你会看到它在房间里逡巡，被壁炉或暖气片制造出来的看不见的气流推向天花板，推向窗户，然后降落到地板上，最终回到壁炉附近，再次踏上下一段重复的旅程。正是出于这个原因，在冬天，我们才会在紧闭的窗户旁边感觉有风吹过，尤其是在靠近脚的位置。

神秘的旋转

取一些薄的烟纸，剪出一个长方形，从中间对折，然后展开。对折会告诉你重心的位置。现在将一根针竖着扎在桌面上，对准重心位置，将烟纸顶在针上，使之平衡。到这一步，还没什么神秘可言。接下来，如图82所示，请把你的手放到针和纸片旁边，注意动作轻一点，不要让风把烟纸吹走。烟纸会开始旋转。一开始它转得很慢，然后开始加速。你把手拿开，它就会停下来。重新把手放过去，它又会继续转动。

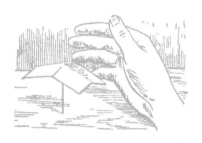

图82　这张纸为什么会转？

19世纪70年代，这样的旋转曾让很多人相信，我们——或者说我们的身体——拥有某种超自然的特性。神秘主义者认为，这证实了他们异想天开的理论：人体里有某些神秘的液体。其实这种现象背后完全没什么超自然的东西，事实上，它的解释非常简单。你把手放到针和烟纸附近，手周围的空气会受热，受热的空气上升，对烟纸产生压力，让它开始旋转。还有一个关键因素是烟纸上有折痕，所以它相当于悬浮在一盏灯上方的弯曲的纸片。

仔细观察一下，你会发现，烟纸的运动方向始终不变——从你的手腕向手指的方向转动。这是因为手指总是比手掌凉一些，因此手掌制造的上升气流比手指附近的更强。顺便说一句，如果你正在发烧或体温偏高，烟纸旋转的速度会快得多。你也许有兴趣知道，1876年，有人专门写信给莫斯科医学学会，探讨这种迷惑了很多人的旋转现象（《手的热量导致轻质物体旋转》，N. P. 涅恰耶夫）。

冬天的外套能温暖你吗？

如果我告诉你，你的毛皮大衣根本没法温暖你，你大概觉得我在开玩笑。但假如我能证明这一点呢？请看下面这个实验。取一支普通温度计，记录它的读数。然后用你的毛皮大衣把它裹起来，放几个小时，再次记录温度计的读数。它应该和原来一模一样。现在你是不是信了，毛皮大衣没法温暖你？而且说不定还会让你更冷！取两袋冰块，其中一袋用毛皮大衣裹起来，另一袋放在盘子里。等盘子里的这袋冰融化以后，解开大衣，你会发现第一袋冰块完全没化。如你所见，大衣至少肯定没法给你带来温暖，恰恰相反，它看起来似乎还有降温的效果，因为冰融化的时间变长了！

所以，冬天的外套能温暖你吗？如果"温暖"的定义是热交换，那么答案是不能。灯能产生热交换，火炉也可以，我们的身体也行，它们都是热源。但你的毛皮大衣不是热源，它自身不会产生任何热量，只能帮助我们的身体减少热量的损失。所以披着毛皮的温血动物——事实上，它们的身体就是一种热源——摸起来要比没有毛皮的暖和得多。但我们拿来做实验的温度计不是热源，所以哪怕用毛皮大衣把它裹起来，它的读数自然也不会变。裹在大衣里的冰化得慢，也是因为大衣的导热能力很差，它会阻止冰块吸收周围的热量。

地面上的雪的作用类似毛皮大衣，和所有粉末状的物体一样，雪也是热的不良导体，所以它能帮助地面减少热的损失。被雪层覆盖的地面温度往往要比露天的位置高10摄氏度左右。

所以，"冬天的外套能温暖你吗？"这个问题的答案是：它只能帮助我们的身体保温，事实上，不是外套温暖了我们，而是我们温暖了外套。

脚下的季节

地面以上是夏天，地面3米以下又是什么季节呢？你觉得还是夏天？那你错了！事情和你想的很不一样。重点在于地层导热的能力非常差。哪怕在霜冻最严酷的时节，彼得格勒的主水管也不会冻裂，因为它们被埋在 2 米深的地下。地表以上的温度波动在到达不同地层时会有很大的延迟。在彼得格勒地区斯卢茨克镇所做的直接测量表明，地下 3 米处一年中最热的时间比地面上要晚 76 天，最冷的时间更是晚了 108 天。如果说地面上最热的一天是 7 月 25 日，那么在地下 3 米的深度，10 月 9 日才是最热的一天。反过来说，如果最冷的一天是 1 月 15 日，那么地下 3 米处最冷的一天会出现在 5 月。如果继续往深处走，这个延迟还会变得更大。

我们越深入地底，温度波动会变得越小，到了某个深度，温度的波动会弱化成一个不变的常数，几个世纪以来，这里的温度始终不变，一年到头都一样，完全等于这里的年平均温度。巴黎天文台的地下室位于地面以下 28 米的深度，150 多年前，拉瓦锡在这里放了一支温度计。从这支温度计放进地下室的第一天开始，它的水银柱就纹丝不动，始终显示着零上 11.7 摄氏度。

总之，地面上的季节在地下根本不存在。我们过冬了，地下 3 米处仍是秋天——当然和地面上的秋天不太一样，没有那么明显的降温。换个天气，我们身处夏天，地底深处仍残留着一丝冬天的霜冻。考虑地下生命——例如植物的块茎和根，或者金龟子幼虫——时，你必须时刻牢记这件事。比如说，树根的细胞在冬天仍会繁殖，而被称为"新生层"的组织整个夏天几乎都不怎么活动——相对于地面上树干中的同类组织而言——这都没什么可奇怪的。

纸壶

请看图83。有人把鸡蛋放进纸杯里煮。难道纸不会烧穿，让水漏出去把火浇灭吗？你不妨自己试试看，用一段线圈托住硬纸板叠成的杯子，然后把鸡蛋放进去煮（或者做一个如图84所示的纸盒，这样效果更好）。纸杯安然无恙！因为水最多只能被加热到它的沸点——100摄氏度，而且水的吸热能力很强，它会吸走多余的热量，所以纸杯的温度绝不会超过100摄氏度，更不会达到燃点。哪怕被火焰直接炙烤，装水的纸杯也不会烧起来。

图83　纸壶煮鸡蛋

烧水的壶之所以不会裂开，也应该归功于水的这种特性——如果你忘了装水就直接把壶放到火上，那它很容易被烧裂。出于同样的原因，你也不能把锡壶放到火上空烧。老式的马克沁机枪需要用水冷却，否则枪管会被熔化。

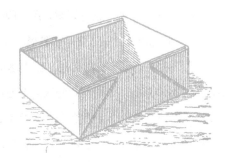

图84　用来烧水的纸盒

你可以用扑克牌做一个小盒子，把铅弹放到里面让它熔化。做这个实验，请把铅弹放在盒子里火焰正上方的位置。由于铅是热的优良导体，它会迅速吸收盒子的热量，所以盒子的温度绝不会超过铅的熔点335摄氏度，而扑克牌的燃点比这个温度高很多。

图85展示了另一个简单实验。取一根粗钉子或铁棍——铜棍更好——在它上面紧紧裹一层窄纸带，然后把它放到火上去烤。

图85　烧不着的纸条

图86　烧不着的棉条

火焰会舔舐纸带，甚至让它冒烟，但在铁钉或铁棍变得发红之前，纸带绝不会烧起来。这种现象背后的原因还是金属良好的导热性能。如果把铁钉换成玻璃棒，那纸带很快就会着火。图86展示的实验与此类似：紧紧缠在钥匙上的线"怎么都烧不起来"。

冰为什么是滑的？

打过蜡、表面光滑的地板比没打过蜡的滑得多。既然如此，光滑的冰面岂不是也应该比崎岖不平的冰面更滑？但现实却恰恰相反，雪橇在崎岖不平的冰面上跑起来比在光滑的冰面上顺畅得多——如果你亲自拉过雪橇，那你可能已经发现了这个问题。崎岖不平的冰面为什么比平坦的冰面更滑？冰之所以是滑的，并不是因为它的表面有多光滑，而是因为它在受到压力时熔点会下降。

现在我们来看看，当你拉雪橇或者滑冰时实际上发生的事情。踩着冰刀的我们把全身的重量都压在一块很小的区域上，这块区域的面积可能只有几平方毫米。回忆一下本书的第二章，你会发现，穿冰刀的人对冰面施加了一个很大的压力。在这样的压力下，冰的熔点会降低。假设冰面的温度是 −5 摄氏度，滑冰者施加的压力让他脚下的冰面熔点降低了 6 摄氏度或 7 摄氏度，那么这个位置的冰就会融化，在冰刀和冰面之间积聚薄薄的一层水。难怪滑冰者能在冰面上轻松滑行。无论他滑到冰面上的什么地方，同样的过程都会再次重复。滑冰者不断地在水的薄层上滑行。只有冰拥有这种特殊的性质。一位物理学家甚至说它是"自然界里唯一一种滑溜溜的物体"。其他所有物体都只是表面光滑而已。

现在，说回我们最初的问题。崎岖不平的冰面为什么比平坦的冰面更滑？我们已经知道，接触面越小，同等重量的物体产生的压强越大。一个人的身体在什么情况下产生的压强更大？是在平坦的冰面上还是在崎岖的冰面上？显然，他在崎岖冰面上产生的压强更大，因为在这种情况下，支撑他身体的只有冰面上的几个凸点。压强越大，冰融化得越快，因此也变得越滑——前提是雪橇的滑道够宽（但薄薄的冰刀在崎岖的冰面上不会滑得更轻松，因为动能产生的热量会切开冰面上的凸点，让冰刀更充分地接触冰层）。

压力会让冰的熔点降低，这一特性解释了我们周围的很多现象。被紧紧挤压在一起的冰块会凝结成一大块，正是出于这个原因，扔雪球的男孩们也会无意识地利用这种特性——一片片的雪花之所以能被捏成雪球，正是因为压力降低了它们的熔点。我们堆雪人时同样利用了这一原理。（所以一旦霜冻特别严重，散落的雪就很难捏成雪球或者堆成雪人，我想背后的原因应该不用解释了吧。）经过无数行人的踩踏，人行道上的雪会慢慢变成坚硬的冰层。

理论计算的结果表明，要让冰的熔点降低1摄氏度，我们必须对它施加130千克／平方厘米的压强，这个数字相当可观。别忘了，在融化的过程中，冰和水承受着同样的压力。但在我们刚才介绍的几个案例中，承受强大压力的只有冰，冰融化后产生的水承受的是大气压力，所以在这种情况下，压力对冰熔点的影响要大得多。

冰锥问题

你是否驻足思考过，屋檐下倒挂的冰锥是怎么形成的？它们是在什么时候形成的？是在霜冻期还是在融雪期？如果是在融雪期，水又是如何在0摄氏度以上的气温下结冰的呢？反过来说，如果冰锥是在霜冻期形成的，那么凝成冰锥的水来自哪里呢？

如你所见，这些问题并不像你可能以为的那么简单。冰锥的形成必须同时满足两个温度条件——一个是0摄氏度以上，这样冰才能融化；另一个是0摄氏度以下，这样水才会冻结。现实中的冰锥就是这样形成的。太阳把斜屋顶上的雪加热到0摄氏度以上，于是它开始融化，与此同时，从屋檐边滴落的水冻结成冰，因为这里的温度低于0摄氏度（因为屋顶下方有暖气的房间释放的热量融化了积雪而产生的冰锥不在讨论范围之内）。

试着想象这样一幅画面：这是一个阳光灿烂的晴天，气温只有 −1摄氏度到2摄氏度。万物都沐浴在阳光中。斜射的阳光不够强烈，不足以融化地面上的雪。但是，由于阳光照射在倾斜屋顶上的角度更接近直角，所以屋顶受热的效果更明显，这里的雪开始融化。阳光和被照射的平面之间的角度越大，平面接收到的光和热就越多，阳光产生的热量直接与入射角的正弦值成正比。如图87所示，在这种情况下，屋顶上的雪从阳光里获得的热量是地面上的2.5倍，因为60度角的正弦值是20度角的2.5倍。融化的雪从屋檐边滴落。由于屋檐下方的温度低于0摄氏度，所以水滴——蒸发作用又会进一步让它冷却——凝成了冰。接下来

图 87　阳光对斜屋顶的加热效果比地面更强

又有一滴水流到了凝结的冰点上，它也被冻住了。然后第三滴、第四滴水接踵而来，慢慢形成一支倒挂的小冰锥。几天以后，也可能是一周以后，我们又遇到了同样的天气。冰锥变得越来越大——与地下岩洞里石灰钟乳石成形的过程十分相似。棚子和其他没有暖气的房子屋檐下的冰锥就是这样形成的。

　　阳光入射角的变化还能制造出更宏观的现象。气候带和季节的区别主要出于这个原因——但这并不是唯一的原因，另一个重要的影响因素是白昼长度的变化，或是说日照时间的变化。白昼长度和季节的变化源自同一个天文因素：地球自转轴与黄道平面之间的倾角。无论冬夏，太阳和我们之间的距离其实区别不大，赤道地区和两极地区与太阳之间的距离也没什么区别（或者说这个区别小得可以忽略不计）。但是，赤道地区阳光入射的角度比两极大得多，而且阳光在夏天的入射角总是大于冬天。正是这种现象带来了温度的显著变化，从而引发自然界的诸多变化。

拓展延伸

1. 高温天气或极寒天气，高铁轨道会发生什么变化？为何高铁轨道基本不会受天气影响？

2. 什么样的酒杯更容易被热水或冷水弄碎？

3. 什么样的材料比较适合用来做餐具呢？上网搜一搜餐具，看看都采用了哪些材料，它们有什么共同的特点？

4. 香烟的烟雾为什么一头向上卷，另一头的则飘向下方？

5. 地下管道里的水为什么不会结冰？

6. 为什么滑冰的人能在冰面上轻松滑行？

7. 藏在羽绒服里的冰，会融化得更快吗？

8. 在学校的实验室里试着用纸叠一个容器，往里面装满水，在容器下方用酒精灯烧水，那么纸会被点燃吗？为什么？

第七章

光

凝固的影子

虽然我们的祖先无法捕捉影子，但他们的确为影子找到了用武之地——剪影。今天，我们想给自己、朋友或者亲戚拍照时，会去找一位摄影师。但18世纪没有摄影师，肖像画家要价很高，只有富人才承担得起，所以剪影才那么流行。从某种意义上说，它的意义相当于今天的快照。

剪影实际上是凝固的影子。人们通过机械的方式来绘制剪影，从这一点看，它和照片看似相反，但又异曲同工：摄像师利用光[英语里的"照片"（photo）这个词源自希腊语里的"光"]来拍照，我们的祖先则利用影子来记录影像。

图88描绘了剪影的绘制过程。被绘制者坐在椅子上，转动头部，在屏风上投出特征鲜明的影子，然后绘者用铅笔把影子的轮廓勾勒下来，并用黑色填充轮廓，再把它剪下来，贴到白色的背景中。一幅剪影就这样完成了。如果有必要的话，你还可以利用一种名叫缩放仪的特殊设备来缩小剪影（图89）。

图88 制作剪影肖像的古老方式

图89 如何缩小剪影　　　　图90 一幅席勒的剪影（1790年）

别以为这种简单的黑色轮廓无法反映剪影原型的特征。好的剪影有时候简直栩栩如生。

一些艺术家痴迷于剪影的特性，他们开始以这种方式作画，从而开创了一个全新的流派。"剪影"（silhouette）这个词的来源也很有趣。18世纪，法国有一位名叫艾提恩·德·西鲁耶特（Etienne de Silhouette）的财政部部长，他敦促奢侈的同胞厉行节俭，责备法国贵族在绘画和肖像上靡费钱财。由于影子画十分廉价，所以人们将这种画命名为"西鲁耶特"（Silhouette）。

蛋里的鸡

图91　假的X光

影子的特性可以帮你完成一个有趣的客厅魔术。取一张油纸，把它蒙在硬纸板中间的方孔上，做成一面屏风。在屏风背面放两盏没有灯罩的台灯，然后请你的朋友坐在屏风前面。打开左边的台灯。在台灯和屏风之间放一块安装在底座上的椭圆形硬纸板。你的朋友自然会看到一个蛋的轮廓。第二盏台灯还没打开。现在你可以告诉朋友们，你有一台 X 光机，可以照出蛋里的鸡。嘿，瞧啊！紧接着你的朋友们会看到，屏风上蛋的影子变淡了，一只鸡的轮廓相当清晰地出现在它中间（图91）。

这套把戏其实特别简单。你只是打开了右边那盏台灯，它和屏风之间放了一张剪成鸡的形状的硬纸板。右侧台灯把这只鸡的影子投射到屏幕上，和蛋的影子部分重叠，所以屏风上的蛋看起来才会变淡。因为你的朋友们没有看到具体的操作手法，要是他们不懂物理学和解剖学，没准真会以为你给这颗蛋照了 X 光。

滑稽摄影

很多人可能不知道，你可以用普通的小圆孔取代镜头，造出一台相机。是的，这种相机拍摄的影像没那么清晰。缝隙相机就是这种"无镜头"相机的有趣变体，它的"光圈"不是圆的，而是两条十字交叉的细缝。这种相机的正面有两块小板子，其中一块板子上开着一条垂直的细缝，另一块板子上的细缝是水平的。两块板子重叠起来，能获得与普通光圈相机完全相同的图像。换句话说，它拍摄的照片不会扭曲变形。但是，当两块板子彼此分离——为了完成这个操作，两块板子被安装在专门的结构上——相机拍摄的图像就会开始变形（图92和图93），看起来更像滑

图92 缝隙相机拍下的滑稽照片 （图像被水平拉伸了）　　　图93 经过纵向拉伸的滑稽照片

稽漫画，而不是照片。

为什么会这样？我们先看水平缝隙在前、垂直缝隙在后的情况（图94）。来自图像 D（一个"十"字）的垂直光线穿过第一道缝隙 C，此时一切正常，和普通光圈的效果一样，与此同时，缝隙 B 完全不会改变这些光线的轨迹。在这种情况下，你在毛玻璃屏幕 A 上获得的垂线的图像大小与 A、C 之间的距离成正比，但两条缝隙的排布方式会扭曲 D 的水平线投影。来自水平线的光可以毫无阻碍地通过水平缝隙，但缝隙 B 会产生类似普通光圈的效果，它在屏幕 A 上投下的图像大小与 AB 之间的距离成正比。

简单来说，垂线只受缝隙 C 的影响，与此相对，水平线只受缝隙 B 的影响。由于缝隙 C 和屏幕之间的距离更远，所以以垂直维度的所有图像在屏幕 A 上的投影放大倍数都比水平维度的投

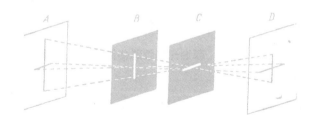

图94 缝隙相机为什么会拍出变形的照片

影更大。换句话说，图像被纵向拉伸了。如果交换缝隙 *B* 和缝隙 *C* 的位置，就会得到水平拉伸的图像（比较一下图92和图93）。如果斜着移动两条缝隙，又会产生另一种变形效果。

这种相机的用途不仅仅是拍摄滑稽照片。它还有更严肃的用途，例如制作各种建筑装饰物、地毯和墙纸的图案，总之，可制作任何一种可以通过定向拉伸或压缩得到的装饰图案。

日出问题

假设你在早上5点整起床看日出。由于光无法瞬时传播，它从离开光源到抵达你的眼睛必然消耗一定的时间，那么我的问题来了：如果光能瞬时传播，你应该在什么时间看到日出？

由于光从太阳传到地球需要8分钟，你可能觉得，假如光能瞬时传播，那你应该在8分钟前看到日出，也就是凌晨4点52

分。如果你真的这样以为，那你就要大吃一惊了——这个答案完全不对。从本质上说，当地球转到已经被阳光照亮的区域，你就会看到"日出"。因此，哪怕光是瞬时传播的，我们看到日出的时间也只能是5点整。

如果将所谓"大气折射"的影响纳入考虑，我们会得出更惊人的结果。折射会扭曲光的传播路径，从而让我们在太阳真正离开地平线之前看到日出。不过，如果光是瞬时传播的，那就应该不存在折射，因为折射现象的本质原因是光在不同介质中的传播速度不同。没了折射，我们看到日出的时间应该会晚一点——少则2分钟，多则几天，甚至更久（在两极地区），具体取决于纬度、气温和其他某些因素。所以，假如光是瞬时传播的，我们看到日出的时间应该比现在更晚。多奇妙的悖论啊！

当然，如果你通过望远镜观察太阳表面的起伏，那就完全不一样了。在这种情况下，假如光是瞬时传播的，那你会提前8分钟看到太阳表面的变化。

拓展延伸

1. 你看过皮影戏吗？试着用本章所学的知识解释一下它的运作原理。

2. 如果光是瞬时传播的，我们会在什么时候看见日出？

3. 随着科技的日新月异，手机的摄影功能越来越强大，它是怎么成像的呢？

4. 中国民族历史悠久，留下了宝贵的诗歌财富，在鉴赏优美诗句的同时，往往能发现蕴含其中的物理知识，如"风吹草低见牛羊"说明了光沿直线传播的现象，动一动脑筋，想想还有哪些诗句体现了光学原理？

5. 在纸上剪一个小小的三角形，让太阳光垂直照射在三角形上，那么地面上形成的光斑会是什么形状呢？

第八章

反射和折射

看穿墙壁

1890 年，你可以在市面上买到一种奇妙的设备，它傲慢地自称"X 光机"。那时候我还是个学生，我记得自己第一次看到这玩意儿时可迷惑啦。它能让我看到不透明物体——它能穿透的不仅是厚纸，甚至还有刀锋，要知道，就连真正的 X 光也无法穿透刀锋——背后的光。图 95 描绘的正是这种奇妙装置的原型机，它能让你"看穿一切"。这台设备有四面小镜子，每面镜子都以45 度角安装，反射、再反射来自物体的光线，帮助这些光绕过不透明的障碍物。

军队里常常会用到一种类似的设备——潜望镜（图 96），它让士兵能够密切追踪敌人的动向，却不必把自己暴露在敌人的炮火之下。

图 95　一种冒牌的 X 光设备

图96 潜望镜   图97 潜艇潜望镜示意图

物体离潜望镜越远，观察者的视野就越小。人们利用特殊排布的光学镜片来扩大视野，但由于镜片会吸收一部分进入潜望镜的光，所以最后获得的图像十分模糊。这限制了潜望镜的高度，20米基本就是"天花板"。更高的潜望镜视野非常小，图像也很模糊，尤其是在阴天。

    潜艇指挥官也会利用潜望镜观察自己正在攻击的船只。虽然潜艇上的潜望镜比普通军用潜望镜复杂得多，而且只有在潜艇没入水中时才会探出水面，但它背后的原理是一样的，镜片组（或棱镜组）的排布也差不多（图97）。

175

会说话的脑袋

这档常见的助兴节目往往让不知内情的人惊得目瞪口呆。盘子里托着一个活生生的人头，它会转动眼睛，会说话，还会吃东西，这一幕看起来的确惊人。虽然你不能走到放置盘子的桌子旁边去查看，但你可以"非常清楚地"看到，桌子下面的确没有东西。如果你看过这种节目，请捏一个纸团，朝桌子下面扔。奇怪的是，它会被弹回来。谜团就此解开——纸团是被一面镜子弹回来的。哪怕纸团没有直接击中镜子，它也会暴露镜子的存在，因为你会看到纸团所成的像（图98）。

镜子

图98 "无身之头"的秘密

装在两条桌腿之间的一面镜子足以让人误以为桌子下面空无一物——当然，前提是镜子里没有映出室内的家具和观众的影子。所以表演这种魔术的屋子必须空无一物，四面墙也一模一样。地板也必须是同一个颜色，不能有任何装饰性的设计，观众也必须在相当远的一段距离以外。如你所见，这个魔术的"秘密"直白得像馅饼一样，但不明内情的人还是很容易被唬住。

有时候这个魔术会安排得更高级一点。魔术师先给你看一张空荡荡的桌子，桌面上和桌子底下都空无一物。然后他会取出一个关着的盒子，告诉你里面装着"活人头"，但实际上盒子里是空的。魔术师把盒子放在桌上，打开它的正面。哇哦！一个会说话的脑袋出现了。你大概已经猜到了，桌面上有某种翻板机关，这个没有底的空盒子被放到桌面上以后，蹲在镜子后面、桌子底下的人就会探出头来。这个魔术还有其他变种，你也许可以自己设计一个。

前面还是后面？

很多日常物品没有得到正确的使用。你已经知道了，有的人用冰冷却饮料的方式是错的——他们把饮料放在冰块上方，而不是下方。也不是人人都知道该如何正确使用镜子。照镜子时，人们常常把台灯放在自己身后，试图"照亮"镜子里的影像，而不是让光直接照在自己身上。很多女人会这样做，但我希望我的女读者在照镜子时能把灯放在自己前面。

177

镜子是可见的吗？

这个问题再次证明，我们对普通镜子的了解还不够，因为大部分人的答案是错的，哪怕我们每天都在照镜子。觉得自己能看到镜子的人都弄错了。一面好的、干净的镜子是不可见的。你能看见它的镜框、它的轮廓以及它反射出的所有东西，但你永远不会看到镜子本身，除非它脏了。相对于漫反射平面——向各个方向反射光线的平面——来说，镜面反射平面都是不可见的。正常情况下，镜面反射平面光滑闪亮，漫反射平面粗糙暗淡。所有利用镜子来完成的魔术和视错觉游戏（例如"会说话的脑袋"）所依赖的正是它不可见的特性。你能看到的只是镜子里不同物体的投影而已。

镜子里面

照镜子时，我们会看见自己，很多人还会补充说，镜子里的投影和你自己一模一样，分毫不差。

我们来验证一下这个说法。假如你的右脸上有一颗痣，你在镜子里看到的人的左脸有一颗痣。你可能正在朝右边梳头发，你在镜子里的投影会向左边梳头发。你右边的眉毛可能比左边的高一点、浓一点，而镜子里的你恰恰相反。你把自己的表放在背心右边的口袋里，钱包放在左边口袋，镜子里的你拥有相反的习惯。请仔细看看他的表。你的表根本不长这样。表盘上的字样和排列都很奇怪。你看到了一个前所未见的罗马数字"8"——ⅡX——而且它占据了"12"的位置。与此同时，真正的"12"消失了。6后面是5，然后是4，以此类推。镜子里表的指针也是逆时针方向行走的。

总之，他的行动比你不方便多了。他是左利手。他用左手写字、穿针引线、吃饭。他会伸出左手来握你的右手。他认识字母吗？无论从哪个角度来说，他拥有的知识都相当奇怪。我十分怀疑，你是否能从他握着的那本书上读出一行字，或者认出他用左手写的一个词。而你竟然宣称这个人和你一模一样、分毫不差！

不过先不开玩笑，如果你真觉得你可以通过镜子观察自己，那你错了。大部分人的脸、身体和衣着都不是严格对称的，但我们往往注意不到这一点。右边和左边并不完全一样。镜子里的影像右侧对应的是你左侧的所有特征细节，反之亦然，所以照镜子往往会让你对自己产生错误的印象。

图99　照镜子

对着镜子画画

下面的实验能让你更清楚地看到，镜子里的那个人和你并不完全相同。请在一张正对着一面竖直镜子的桌子前面坐好，然后取一张纸，看着镜子里那只握笔的手，试着画，呃，就画个带交叉对角线的长方形吧。这个看似简单的任务会变得非常困难。

在我们的成长过程中，我们的视觉印象和对动作的感觉会达成相当的默契。但镜子里那只手的运动方向和你的手实际的动作完全相反，这会破坏你的手眼协调。你做出的任何一个动作都会受到习惯的强烈阻挠：你想向右画一条线，但你的手却把铅笔划向左边。如果你想用这种方式画更复杂的图案，甚至写点东西，结果会更加奇怪。你肯定会闹出最大的笑话。

你写的字在吸墨纸上留下的墨迹也是一种镜像。试着读一读，你会发现自己一个词都拼不出来，哪怕所有字母看起来都很清晰。墨迹上的字会向左边倾斜，而且所有笔画都颠三倒四。不过要是对着镜子照一照，你会发现所有笔画一下子都正常了，你认出了自己熟悉的字迹。实际上，镜子把吸墨纸上留下的字迹镜像又翻转了一次。

图100　在镜子前面画画

180

最短和最快

　　光在均匀介质中沿直线传播，这是最快的路径。被镜子反射后，光同样会选择最快的路径。我们跟踪一下它的轨迹。在图101中，*A* 是光源，一支蜡烛，*MN* 是一面镜子，*ABC* 则是光线从 *A* 出发进入眼睛 *C* 的路径。直线 *KB* 垂直于 *MN*。

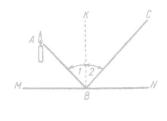

图 101　反射角 2 等于入射角 1　　　　　　图 102　反射光会选择最短的路径

　　根据光学定律，反射角 2 等于入射角 1。只要知道了这一点，我们就能轻松证明，只要光被镜子 *MN* 反射，那么在从 *A* 到 *C* 的所有路径中，*ABC* 是最短的一条。要证明这一点，我们不妨比较一下 *ABC* 和其他路径——例如 *ADC*（图102）。从 *A* 点作一条垂直于 *MN* 的线 *AE*，并将它延长，直至与 *BC* 的延长线相交于点 *F*。然后用直线将点 *F* 和 *D* 相连。现在我们先看看，三角形 *ABE* 和三角形 *EBF* 是否相等。它们都是直角三角形，且拥有一条共同的直角边 *EB*。除此以外，角 *EFB* 和角 *EAB* 相等，

181

因为它们分别等于角2和角1。所以 AE 等于 EF。既然如此，直角三角形 AED 和三角形 EDF 就完全相等，因为它们的两组直角边分别相等。因此 AD 等于 DF。

这样一来，我们可以把路径 ABC 等量代换成路径 CBF，因为 AB 等于 FB，而路径 CDF 可以代换路径 ADC。比较一下 CBF 和 CDF，我们发现，直线 CBF 比折线 CDF 短。因此，路径 ABC 比路径 ADC 短。证明完毕！

无论点 D 在什么位置，路径 ABC 始终比 ADC 短，当然，前提是反射角等于入射角。正如我们看到的，在从光源到镜子再到眼睛之间的所有路径里，光的确会选择最短、最快的一条。这是由3世纪希腊著名数学家亚历山大的希罗首先指出的。

飞翔的乌鸦

刚才我们讨论的寻找最短路径的能力在解决某些脑筋急转弯问题时可能很有用。请看下面这个例子。

一只乌鸦栖息在树枝上，树下的地面上散落着一些小米。乌鸦飞扑而下，啄食小米，然后飞起来栖息在篱笆上。问题是：乌鸦在哪个位置啄食小米才能飞出最短的路径？（图103）这个问题和我们刚才讨论过的基本一模一样。所以我们可以轻松给出正确答案：乌鸦应该沿着光的传播路径飞行。换句话说，它的飞行

图103　乌鸦问题——找出乌鸦
飞向地面再转向篱笆的最短路径

图104　乌鸦问题的解决方案

路径应该让角1等于角2（图104），我们已经知道，这就是最短
的路径。

万花筒

　　我想你们都知道什么是万花筒。这种有趣的玩具里有2到3
面平面镜，中间装着一小把五彩缤纷的玻璃碎片。只要轻轻转动
万花筒，这些碎玻璃就会组成千变万化的美丽图案。虽然这种玩
具十分常见，但很少有人去想，万花筒到底能产生多少种不同的
图案。假设你的万花筒里有20片碎玻璃，转动万花筒时，你每
分钟可以得到10种新的图案。那么要看完这20片碎玻璃组成的
所有图案，你需要花费多少时间？哪怕发挥最狂野的想象力，你
恐怕也给不出正确答案。直到海枯石烂，你也完不成这个任务。

要看完所有图案，你至少需要5000亿年！

长期以来，这种玩具产生的千变万化、各不相同的图案让艺术设计师深深着迷，给墙纸、地毯和其他织物设计美丽的图案需要无穷无尽的智慧，他们的想象力永远都不够用。但对大众来说，万花筒早已不像100年前那样诱人，在那个年代，它还是件迷人的新鲜玩意儿，就连诗人也会为它撰写颂歌。

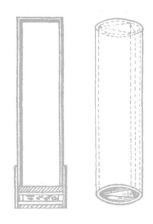

图 105　一个万花筒

1816年，万花筒在英国问世。大约12到18个月以后，它已经赢得了世人的赞誉。1818年7月，寓言家 A. 伊兹迈洛夫曾在俄罗斯杂志《忠诚》上这样描绘它："无论诗歌还是散文都讲不尽万花筒的美妙。随着每一次转动，它总会展现出新的图案，和以前的绝不相同。多么漂亮的图案！多么精美的刺绣！但哪里有这么明亮的丝绸？这无疑是摆脱无聊的最愉悦的消遣——比耐着性子打牌好得多。他们说，万花筒早在17世纪就已出现。不管怎么说，不久前它在英格兰重获新生、趋于完美，几个月前，它越过海峡传到了这里。一位富裕的法国人以20000法郎的价钱订购了一个万花筒，里面装的是珍珠和宝石，而不是彩色碎玻璃和珠子。"

然后伊兹迈洛夫讲了一件关于万花筒的逸闻趣事，最后以忧郁的笔调做出了富有农奴时代气质的总结："帝国机械师罗斯皮尼以制造完美的光学仪器而著称，他制作的万花筒售价是20卢布。毫无疑问，愿意买这玩意儿的人比愿意上物理、化学课的多得多，而这位忠诚的绅士，罗斯皮尼先生，无法从这些课程中获得任何收益，我们对此深表遗憾和惊讶。"

长期以来，万花筒不过是一件有趣的玩具而已。今天，人们借助它来设计图案。有人发明了一种装置来拍摄万花筒里的图像，由此自动生成各式各样的装饰图案。

幻象宫殿和海市蜃楼宫殿

我很想知道，如果我们缩小到玻璃碎片那么大，溜进万花筒，那会是什么感觉？1900年，巴黎世界博览会的观众就得到了这个奇妙的机会。所谓的"幻象宫殿"是那次博览会的一大卖点——它的内部很像一个刚性的巨型万花筒。请想象一个六边形的大厅，六面墙壁都是非常光滑的大镜子。大厅每个角落里都有装饰性建筑结构——柱子和飞檐——和天花板上的雕刻融为一体。观众觉得自己站在拥挤的人群中，周围的每个人都和自己十分相似，大厅里到处都是一排排的柱子，向各个方向伸往视线尽头。图106里最内圈涂了横向阴影的几个大厅是镜子第一次反射的结果，次内圈涂了纵向阴影的12个大厅是第二次反射的结果，最外圈涂了斜向阴影的18个大厅是第三次反射的结果。每多一次反射都

185

会增加大厅的数量，具体取决于这些镜子有多完美，以及它们是否真的完全平行排布。事实上，观众只能看到468个大厅——这是12次反射的结果。

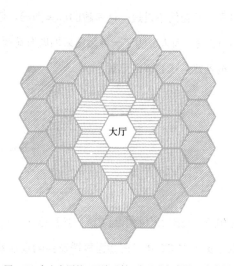

图106　中央大厅的6面墙反射3次以后变成了36个大厅

如果你熟悉光的反射定律，那么你应该知道这些幻象是如何产生的。大厅里有3组平行镜和10组互相成角度的镜子，难怪它们能产生这么多影像。

同样在巴黎的这次博览会上，还有另一个所谓的"海市蜃楼宫殿"，它制造的视错觉更有意思。这座宫殿结合了无尽的反射和快速变化的装饰。换句话说，它是个看起来会动的巨型万花筒，观众身处其中。奥妙在于，这座大厅的每个角都安装了一组靠铰链转动的镜子——它的安装方式类似旋转舞台。图107描绘了这座大厅的三种变化，分别对应每个角的三组装饰1、2、3。假设第一组的6个角都装饰成热带雨林，第二组的6个角装饰得跟谢赫宫一样，最后6个角装饰成一座印度庙宇。只需要转动隐藏的机关，就能把热带雨林变成庙宇或宫殿。这一整套把戏都基于一种简单的物理现象——光的反射。

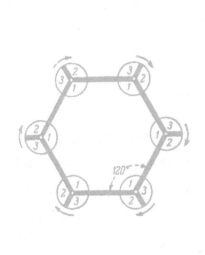

图107　幻宫的构造简图　　　图108　"海市蜃楼宫殿"的秘密

187

光为什么会折射以及它如何折射

光从一种介质进入另一种介质时会发生折射，很多人以为这是大自然的突发奇想。他们就是不能理解，光为什么不能延续先前的路径，非要拐个弯。你也这么觉得吗？现在我问问你，假如有一队士兵在行军时从平坦的公路进入了一条满是车辙的烂路，那会发生什么？其实光的表现和这些士兵一模一样，这个消息也许会让你高兴起来。

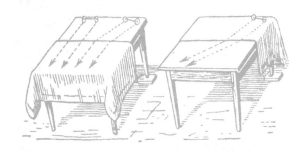

图109　解释光的折射

我们可以通过一个引人深思的简单实验演示光是如何折射的。按照图109所示的方式把你的桌布叠起来放在桌上。让桌面微微倾斜，然后让一对同轴的轮子——拆个损坏的玩具车，或者其他什么玩具——顺着桌面往下滚。如果轮子的行进轨迹垂直于折叠的桌布，那它不会发生折射，这阐明了一条光学定律：如果光的入射方向垂直于两种介质之间的交界面，那它不会弯曲。但是，如果轮子的运动轨迹和折叠的桌布成一定角度，那么在轮子碾上桌布折叠的那个位置——两种不同介质的交界面——它的运动方向就会改变，因为轮子的速度发生了变化。

轮子从桌面上滚动速度更快的位置（没被桌布覆盖的地方）进入速度更慢的位置（被桌布遮住的地方），它（光线）的运动方向会变得更靠近"垂直入射角"。反过来说，如果轮子从桌布的位置滚向裸露的桌面，它的方向会变得远离垂直角。

这顺便解释了折射的本质，它实际上源于光在新介质中的速度变化。这种变化越大，折射角就越大，因为"折射率"（它反映的是角度变化的程度）其实就是两个速度之间的比值。光从空气进入水的折射率是 4/3，这意味着光在空气中的速度大约是水里的 1.3 倍。这让我们想到了有关光的传播的另一个引人深思的特性。光在反射时总是遵循最短的路径，它在折射时也会选择最快的路径，与这条曲折的路相比，其他任何一条路都不能让它更快到达"目的地"。

更长的路反而更快

与直路相比，拐了弯的路真的能让我们更快抵达目的地吗？可以，如果我们在这条路上不同的位置前进速度各不相同的话。有一群村民住在火车站 A 和火车站 B 之间，只是离 A 更近一点，他们喜欢走路或骑车去 A 站，搭火车去 B 站，虽然火车路线拐了弯，但也比走更短的直线要快。

再举一个例子。一位骑兵信使受命将几份急件从 A 点送到 C 点的指挥所（图110）。他和 C 点之间有一片草地和一片细沙地，直线 EF 是这两块地之间的分界线。已知穿越沙地耗费的时间是草地的2倍。这位信使应该选择哪条路线，才能以最快的速度把急件送到 C 点？

乍看之下，你可能觉得应该在 A 和 C 之间画一条直线。但我觉得任何一位骑手都不会走这条路。归根结底，因为走沙地花的时间更多，骑手应该合理地认为，在沙地上走的斜角最好小一点才能节省时间。这样势必会增加他在草地上行走的距离。但是，既然马儿在草地上跑的速度是沙地上的2倍，那么哪怕草地上的距离更远，他花费的总时间也会更少。换句话说，这位骑手选择的路线必然在草地和沙地的交界处发生转折，而且草地上的路径与垂线所成的角大于沙地上的路径与垂线所成的角。

任何一个人都能意识到，直线 AC 实际上不是最快的路线，考虑到两种地形的宽度不同，具体的距离如图110所示，这位信

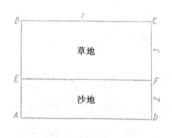

图110　骑兵信使问题。
找出从 A 到 C 的最快路线

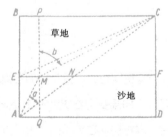

图111　骑兵信使问题及其解决方案。
最快的路线是 AMC

使走折线 AEC（图111）会更快。图110中的沙地宽2千米，草地宽3千米。BC 的距离是7千米。根据毕达哥拉斯定理[①]，从 A 到 C 的整条路线（图111）长度等于 $\sqrt{5^2+7^2}=\sqrt{74}=8.6$ 千米。AN 段——沙地上的部分——的长度是这个值的2/5，也就是3.44千米。由于马在草地上的速度是沙地上的2倍，沙地上跑3.44千米花费的时间相当于在草地上跑6.88千米。因此8.6千米的直路 AC 花费的时间等于在草地上跑12.04千米。现在我们把折线路径 AEC 的长度换算成草地上的距离。AE 段长2千米，这段路花费的时间相当于在草地上跑4千米。EC 段的长度等于 $\sqrt{3^2+7^2}=\sqrt{58}=7.6$ 千米，这个数再加4千米，得出折线 AEC 的总长度相当于在草地上跑11.6千米。

　　如你所见，"短"直线路径相当于在草地上跑12.04千米，而"长"折线路径只需要在草地上跑11.6千米，节省了12.04−11.60=0.44千米的路程，或者说大约半千米，但 AEC 还不是最快的路线。从理论上说——我们必须借助三角函数了——当角 b 的正弦值与角 a 的正弦值之比等于马在草地上和沙地上的速度之比（比如说2∶1）时，我们得到的才是最快的路线。换句话说，我们选

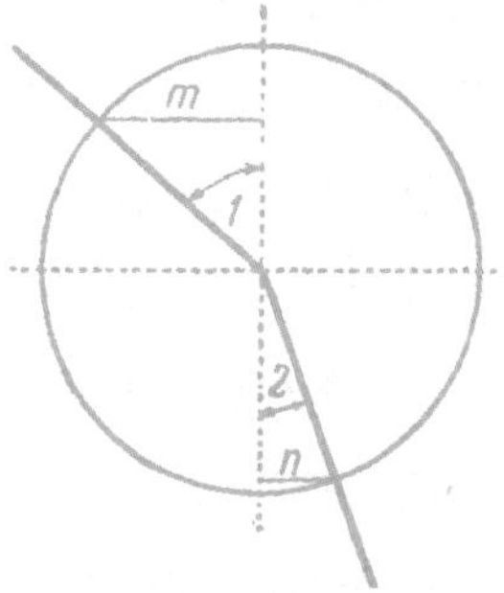

① 即勾股定理。

图112　什么是正弦？
m 与半径之比就是角1的正弦值，
n 与半径之比是角2的正弦值

定的这条路，角 b 的正弦值应该是角 a 的2倍。这样一来，我们必须在点 M 跨越沙地和草地之间的界线，它和点 E 之间的距离是1千米。这样一来，$\sin b=\dfrac{6}{\sqrt{3^2+6^2}}$，而 $\sin a=\dfrac{6}{\sqrt{1+2^2}}$，那么 $\dfrac{\sin b}{\sin a}=\dfrac{6}{\sqrt{45}}:\dfrac{1}{\sqrt{5}}=\dfrac{6}{3\sqrt{5}}:\dfrac{1}{\sqrt{5}}=2$，这正好等于马在草地上和沙地上的速度之比。如果将这条路换算成"草地"，结果如何？$AM=\sqrt{2^2+1^2}=4.47$ 千米。$MC=\sqrt{3^2+6^2}=6.49$ 千米。二者相加等于10.96千米，比12.04千米换算成草地的直路短1.08千米。

这个例子说明了在这种情况下选择折线路径的好处。光会自然而然地选择最快的路径，因为光的折射定律严格遵循数学最优解。折射角与入射角的正弦值之比等于光在新介质和老介质里传播的速度之比，这个比例也是该介质的折射率。将反射和折射的特质结合起来，我们就得出了"费马原理"——物理学家有时候称之为"最短时间原理"——光总是走最快的路。

如果介质由多种物质组成——例如我们的大气——那么它的折射特性会慢慢改变，但还是遵循"最短时间原理"。这解释了来自天体的光在穿越地球大气时为什么会发生轻微的弯曲。天文学家称之为"大气折射"。离地面越近，大气密度越大，所以光会朝地面弯曲。光在上层大气中传播的时间更长，那里阻碍它前进的物质较少；它在"更慢"的低层大气中传播的时间较短，与直线路径相比，这样的曲线能让光更快地到达目的地。

费马原理不仅适用于光。大体来说，声音和所有波的传播都遵循这一原理，无论它们本身的性质如何。你可能很想知道这是为什么，请容我引用著名物理学家薛定谔在1933年接受诺贝尔奖时读过的一篇论文。谈到光在密度逐渐改变的介质中如何传播时，他说：

让每个士兵都紧紧握住一根长棍子，以保持严格的中轴队形。然后指挥官大声喊道："速度加倍！快点儿！"如果地面缓慢变化，首先最右侧的士兵速度会加快，然后是左侧，此时中轴线会旋转。请注意，他们走的路线不是直的，而是弯的。显然，他们的行进路线严格遵循最短路径，也就是说，在这片变化的地面上，他们到达目的地花费的时间最少，因为每个士兵都想尽可能地跑快点。

"新鲁滨孙漂流记"

如果你读过儒勒·凡尔纳的《神秘岛》，你可能记得书里的英雄们流落荒岛时是如何在既没有火柴也没有打火石、钢铁和火绒的情况下点火的。笛福笔下的鲁滨孙·克鲁索靠的是闪电，闪电击中一棵树，点燃了树叶，这完全出于偶然。但在儒勒·凡尔纳的小说里，立功的是一位受过教育的足智多谋的工程师和他的物理学知识。你还记得那位天真的水手彭克罗夫特打猎归来，看到工程师和记者坐在哗哗作响的篝火边时，他是多么惊讶吗？

"可这是谁点燃的？"彭克罗夫特问道。

"是太阳！"

吉丁·施佩莱答得很对。太阳提供的热量让彭克罗夫特惊得目瞪口呆。这位水手简直不敢相信自己的眼睛。他实在太震惊了，甚至完全没有想到去问那位工程师。

"你是有一面点火镜吗，先生？"哈丁的赫伯特问道。

"没有，我的孩子。"工程师回答，"但我自己做了一个。"

然后他取出了那件能点火的小玩意儿，那只是他从自己和记者的表上取下来的两片玻璃而已。他在两片玻璃之间装了点水，再用一点陶土封边，就制成了一面普通的点火镜。这面透镜将阳光聚焦到一团特别干的苔藓上，很快苔藓就被点燃了。

我敢说，你肯定想知道两片玻璃之间为什么要装水。说到底，不填充水难道就不能聚焦阳光吗？的确不能。表壳玻璃有外表面和内表面，这两个面平行且同轴。物理学告诉我们，光在穿过这样两个表面组成的介质时方向几乎不变。同样地，它在穿过第二片表壳玻璃时方向也不会改变。这样一来，光线就没法聚焦到一个点上。要让光线聚焦，我们必须在两块玻璃之间的空间里装满某种能比空气更好地折射光线的透明物质。儒勒·凡尔纳的工程师正是这样做的。

任何装水的球形玻璃瓶都能充当点火镜。古人早就发现了这件事，他们还注意到，水在点火的过程中不会升温。曾经有过这样的案例：有人不小心把玻璃水瓶放在了窗台上，阳光透过敞开的窗户照到玻璃瓶上，结果点燃了窗帘和桌布，烧焦了桌子。彩色的大水球是药房橱窗里的传统装饰品，但它时不时就会点燃存放在附近的易燃物，引起火灾。

一个装满水的小型圆曲颈瓶（12厘米的直径就完全够了）足以烧开表面皿里的水。在15厘米的焦距（焦点离曲颈瓶很近）上，它能制造出120摄氏度的高温。你可以用它轻松点燃一支雪茄——和点火镜一样好用。但你必须注意，玻璃点火镜的效果比装满水的瓶子好得多，因为第一，水的折射率比点火镜小得多；第二，水会吸收大量的红外线，而红外线是加热物体的主力军。

值得注意的是，早在1000多年前，眼镜和小型望远镜还没有问世时，古希腊人就发现了玻璃镜片能点火。阿里斯托芬在他著名的喜剧作品《云》里谈到了这件事，故事中的苏格拉底向斯特利普提阿迪斯提出了下面这个问题：

"如果有人在公证书上写，你欠了他5个塔兰特^①，你打算怎么毁掉这份公证书？"

斯特利普提阿迪斯："我想出了一个办法，你肯定觉得很妙。我想你应该见过药房里卖的那种能点火的奇妙的透明石头？"

苏格拉底："你是说点火镜？"

斯特利普提阿迪斯："没错。"

苏格拉底："唔，然后呢？"

---

① talent，古希腊货币单位。

195

斯特利普提阿迪斯："公证员写字时，我可以站在他身后，把阳光聚焦到公证书上，让他写的字都熔化掉。"

我或许应该解释一下，在阿里斯托芬生活的年代，希腊人习惯在容易熔化的蜡板上写字。

用冰点火

只要透明度够高，就连冰也能权充凸透镜，完成点火的任务。我还得补充一句：点火的过程中，冰不会升温融化。冰的反射率比水略微小一点，既然装水的球形容器能充当点火镜，那么类似形状的冰块也可以。在儒勒·凡尔纳的《哈特拉斯船长历险记》里，旅行者们发现自己被困在 −48 摄氏度的严寒中，既没有火，也没有任何点火工具，克劳邦尼医生就利用冰块"点火镜"生起了火。

"这运气真是糟糕透顶。"船长说。

"是啊。"医生回答。

"我们连个能点火的小望远镜都没有！"

"真是太遗憾了。"医生附和，"因为阳光很强，足以引燃火绒。"

"看来我们只能生吃熊肉了。"船长说。

"实在没办法的话，也不是不行。"医生若有所思地答道，"可是为什么不……"

"什么？"哈特拉斯追问。

"我有个主意。"

"那我们就有救了。"水手长宣称。

"但是……"医生有些迟疑。

"到底什么主意？"船长问道。

"虽然没有点火镜，但我们可以自己做一个。"

"怎么做？"水手长追问。

"用冰！"

"那你觉得……"

图113 医生把明亮的阳光聚焦到了火绒上

197

"为什么不呢？我们必须把阳光聚焦到火绒上，一块冰完全能胜任。不过要是有淡水冰就更好了——它的透明度更高，也更不容易碎。"

"那边的冰块，"水手指指几百步外的一大块冰，"似乎正好能满足我们的需要。"

"没错。带上你的斧头，我们走吧。"

三个人走到大冰块旁，发现它果然是淡水凝成的。

医生让水手长敲下来一块直径约1英尺（约30.5厘米）的冰，然后用自己的斧头和刀子加工了一番，再用手打磨抛光，最终制成了一块上等的透明点火镜。医生将明亮的阳光聚焦到火绒上，几秒钟后，火绒就开始燃烧了。

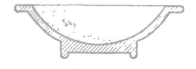

图114　用来制作冰块点火镜的碗

儒勒·凡尔纳的故事不是天方夜谭。1763年，英国有人首次完成了这一创举。从那以后，人们不止一次用冰块来点火。当然，你很难相信，竟然有人能在 −48摄氏度的酷寒中用斧头、刀子和"某人的手"这么粗糙的工具制造出冰块点火镜。但我们有个简单得多的办法，如图114，在形状合适的碗里倒一些水，让它结冰，再稍微加热一下碗底，好把冰块取出来。这样的"点火镜"只有在天气晴朗的严寒户外才能派上用场。要是窗户紧闭的室内，它肯定不管用，因为窗玻璃会吸收绝大部分太阳能，剩下的能量不够强，没法点燃火绒。

帮助阳光

这里还有一个你能在冬天轻松完成的实验。取两块尺寸相同的布料，其中一块是黑的，另一块是白的，把它们放在户外阳光下的雪地上。一两个小时以后，你会发现，黑色的布已经浸湿了一半，而白色的布还是老样子。被黑布盖住的雪化得更快，因为这种颜色的布料会吸收照在它上面的大部分阳光，而白布会反射大部分阳光，因此它升温的速度要慢得多。

这个极具启发性的实验是由本杰明·富兰克林首次演示的，这位曾在各领域做出多项贡献的科学家因发明了避雷针而获得了不朽的声名。

我从裁缝的样板上取了几小块颜色各异的方形细平布，有黑色、深蓝色、浅蓝色、绿色、紫色、红色、黄色、白色和其他颜色，深浅不一。我找了个阳光明媚的晴朗上午，把这些布全都铺在雪地上。几小时后（现在我记不清具体的时间了），在阳光下升温最多的黑布已经深深陷进了雪里，几乎没法被太阳直接照到了；深蓝色布块下陷的深度和黑布差不多，浅蓝色布陷得没那么厉害，其他颜色的布料下陷的程度更轻，因为它们的颜色更浅；白布仍好端端地停留在雪地上，一点也没下陷。

没有实用价值的哲学有何意义？难道我们不能从中吸取经验吗？阳光灿烂、天气炎热的时节，你最好穿白色的衣服而不是黑色，因为黑衣服在户外会吸收更多阳光，身体也会因此获得更多热量，与此同时我们还在运动，这又会产生更多热量，从而增加热病的风险……夏天的男帽和女帽都应该做成白色，这样才能反射阳光的热量，否则很多人会热得头疼，有人甚至会因此出现危及生命的中风，法国人称之为"灼伤"……颜色变深的果皮会在白天吸收大量来自太阳的热量，好让果实在夜晚也继续保留几分温暖，从而保护果实免遭霜冻的伤害，或者促进果实进一步成熟——只要多加留心，你总会时不时想出各种各样的细节，有的更重要，有的无足轻重。

1903年，在德国人乘坐"高斯号"前往南极探险的旅程中，这些知识发挥了很多作用。当时他们的船被冰困住了，在那样的环境下，所有常规方法——无论是炸药还是冰锯——都无能为力。然后有人提议利用阳光。他们用黑灰和煤炭铺了一条长2千米、宽十几米的长路，从船头一直通往最近的冰缝。由于当时正值南极的夏天，白天很长，阳光强烈，所以太阳最终完成了炸药和锯子未竟的任务。融化的冰顺着这条路裂开了，船重获自由。

海市蜃楼

　　我猜你们都知道海市蜃楼的原理。灼热的阳光加热了沙漠里的沙子，赋予了它们镜子的特性，因为地表灼热的空气密度小于高处的空气层。来自远处物体的斜射光在遇到这层空气时会向上弯曲，就像以很平的角度照在镜子上然后被反射出去一样。于是沙漠里的旅行者会觉得自己看到了一层水面，它反射出了岸边的物体（图115）。我们不如说，灼热的地表空气层反射光线的方式不像镜子，倒更像是潜水艇里的人看到的水面。这不是普通的反射，而是物理学家所说的"全反射"，光以极平的角度（比图中所示的平得多）射入空气层时就会发生这种现象。否则就达不到入射角的"临界值"。

图115　沙漠海市蜃楼的原理
（这幅常常出现在教科书里的图片把光射向地面的路径画得太陡峭）

为了避免误解，请注意，密度大的空气层必须位于密度小的空气层上方。但我们知道，密度大的空气更重，它总是倾向于下沉，取代低处更轻的空气，迫使后者上升。那么在我们讨论海市蜃楼时，为什么是密度大的空气在上，密度小的在下呢？因为空气一直在运动。受热的地表空气会不断被新产生的大量受热空气挤到上面去，所以在地面上最靠近灼热沙地的位置始终有一层稀薄的空气。这层空气一直在变动、更替——但对光线来说，这都没有区别。

早在远古时代，人类就注意到了这种现象。（如果海市蜃楼的位置比观察者高，那它背后的原理和我们刚才介绍的略有区别：它来自上层稀薄大气的反射。）大部分人认为，只有在炎热的南方沙漠里才能观察到这种典型的海市蜃楼，它绝不会出现在更靠北的纬度上，但他们错了。夏天常常有人在柏油路上看到海市蜃楼，因为柏油路面是黑色的，而且被太阳晒得很烫。哑光路面看

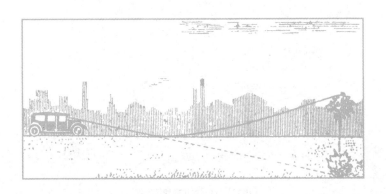

图116　铺装高速公路上的海市蜃楼

起来就像一池水，它能反射出远方的物体。图116描绘了光在这种情况下的传播路径。有心的观察者看到这种现象的频率超乎普通人的想象。

还有一种海市蜃楼——它出现在侧面——人们往往完全不会怀疑它的真实性。有位法国人描述过这种海市蜃楼，它是由受热的峭壁反射产生的。当他靠近一座要塞的墙壁时，他发现这堵墙突然开始像光滑的镜子一样闪光，并反射出周围的景象。再走几步，他发现另一堵墙也出现了类似的变化。他总结说，这是因为墙壁被灼热的太阳照射以后，温度大幅上升。图117给出了墙的位置（F 和 F'）和观察者站立的位置（A 和 A'）。

这位法国人发现，只要墙壁的温度够高，海市蜃楼每次都会出现，他甚至试图把这种现象拍下来。

图118的左边描绘了要塞的墙壁 F，从点 A' 拍摄时，它突然变成了右边那面闪光的镜子。左边那堵平凡的灰色混凝土墙自然不能反射出站在墙边的两名士兵。但这堵墙在右边的图片里却奇迹般地变成了一面镜子，它真的对称地反射出了旁边的两名士

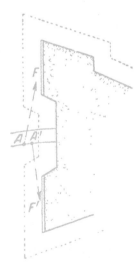

图117　出现海市蜃楼的要塞平面图
对于站在点 A 的人来说，墙 F 看起来像抛过光；墙 F' 在点 A' 的位置看起来也是这样

兵。当然，完成反射的并不是墙壁本身，而是墙壁表面的那层热空气。炎热的夏日里，如果你观察一下大型建筑的外墙，就很可能会看到这种海市蜃楼。

图 118　粗糙的灰墙（左）突然变得像一面抛光的镜子（右）

"绿光"

　　你有没有见过太阳沉到海平面以下？肯定见过。你有没有一直盯着它看，直到太阳最上面的边缘接触到海平面，然后消失？也许你这么干过。但你是否注意过，明亮的太阳收敛起最后一丝光芒的瞬间会发生什么（假设天上没有云彩，一片湛

204

蓝）？大概没有。不要错过这样的机会。你会看到，阳光突然从红色变成了美妙的绿色，任何一位艺术家都无法复现这样的色彩，你在大自然的别处也找不到这样的颜色，无论是色调丰富的植物，还是最透明的海洋。

在儒勒·凡尔纳的作品《绿光》中，刊登在英国某份报纸上的这段话让年轻的女主角心醉神迷，从此她独自一人在世界各地游荡，就为了亲眼见证这种现象。但是，在儒勒·凡尔纳笔下，这位苏格兰女孩一直没能看到大自然的这一杰作，哪怕它的确存在。这不是神话，虽然有很多传说和它有关。只要能忍受追寻它的痛苦，任何一位热爱自然的人都能欣赏它的美丽。

这道绿光——或者说绿色的闪电——到底来自哪里？请回忆一下，如果透过棱镜观察物体，你会看到什么。试试下面的步骤。将棱镜举到眼睛的高度，让它宽阔的水平面朝下，然后透过棱镜观察一张钉在墙上的纸。乍看之下，你会觉得这张纸十分模糊，然后你看到它的上边缘出现了一道紫蓝色的光晕，下边缘则是黄红色的。这种现象来自折射，你之所以会看到彩色的光晕，是因为玻璃对不同颜色的光的折射率不一样。紫光和蓝光会比其他颜色弯折得更厉害。所以我们会在上边缘看见一道紫蓝色的光晕，而红光弯折得最少，纸的下边缘呈现出的正是这种颜色。

这样你就更容易理解我下一步的解释，我必须谈谈这些彩色光晕的来源。棱镜会将纸发出的白光分解成光谱里的各种色彩，由此产生这张纸多个颜色的图像，它们按照折射顺序排列，而且经常互相重叠。这些彩色图像叠加在一起，最后你看到的依然是白光（白色实际上是整个光谱的色彩混合而成的），只是它的顶部和底部会有彩色光晕。著名诗人歌德亲自做过这个实验，但他没有理解它真正的意义，反而觉得自己戳穿了牛顿的颜色理论。后来他自己写了一本《论色彩学》，但这本书的基础概念几乎全是错的。不过我想你大概不会重蹈他的覆辙，以为棱镜会赋予万物新的颜色。

我们可以把地球大气层视为一个巨大的空气棱镜，它的底面正对着我们。眺望地平线上的太阳时，我们实际上是透过一层空气棱镜去看它。太阳顶部有一道蓝绿色的光晕，底部则是黄红色的。太阳位于地平线以上时，明亮的阳光掩盖了其他所有没这么亮的色带，所以我们完全看不见它们。但在日出和日落时，整个太阳还处于地平线以下，所以我们可能会看到这道经过双重晕染的蓝边，靠上的蓝色比较明亮，下面的略浅一点——它是绿色和蓝色混合产生的。如果地平面附近的空气清澈透明，我们会看到一道蓝边，或者说"蓝光"。但大气层往往会把蓝光散射掉，所以我们只能看到残留的绿边——"绿光"。不过，在大多数情况下，浑浊的大气层会把蓝光和绿光都散射掉，于是我们就完全看不到太阳轮廓上的彩色光晕了，西沉的太阳只呈现出猩红的颜色。

普尔科沃的天文学家 G．A．季霍夫为这种"绿光"特地撰写了一篇专题论文，他的提示或许能增加我们看到绿光的概率。"如果西沉的太阳呈现出一种猩红的颜色，你可以用裸眼直视它，不必担心被灼伤，那么也许你可以确定，这次绿光不会出现了。"

他说得很明白，太阳是红色的，这一事实意味着大气大幅散射了蓝光和绿光，或者换句话说，散射了太阳整个上边缘的光晕。"反过来说，"季霍夫继续写道，"如果西沉的太阳颜色几乎没有改变，仍是平时的黄白色，而且十分明亮（换句话说，大气对光的吸收效果不明显）——那你很可能看见绿光。不过，还有一点也很重要：地平线必须是一条笔直的线，不能有起伏的轮廓、森林或建筑。海平面完全满足上述条件，这解释了水手为什么很熟悉这种绿光。"

总结一下，要看到"绿光"，你必须在天空十分清澈的条件下观察日出或日落。由于南方地平线附近的天空比北方高纬度地区清澈得多，南方人看见"绿光"的频率也会高得多。不过，哪怕在我们这个纬度上，绿光也并不像很多人以为的那么罕见——我想这样的偏见很可能来自儒勒·凡尔纳。只要你足够有心，那你早晚会看见"绿光"。你甚至可以透过小望远镜观察这种现象。

阿尔萨斯的两位天文学家是这样描述它的：

日落前的最后一分钟，太阳的很大一部分已经看不见了，那个大火球微微波动但仍清晰的轮廓上镶着一道绿边。但在太阳彻底落下之前，你用裸眼看不见它。只有等到太阳完全沉入地平线以下，它才会显出身形。不过，如果你有一台放大倍数足够——大约100倍——的望远镜，你就能非常清晰完整地观察到这种现象。至少在日落前10分钟，你就能看到这道绿边。它包裹着日轮的上半部分，而日轮的下半部分则镶着一道红边。

起初这道光晕很窄，只是一条发散时长不过几秒的圆弧。随着太阳逐渐下沉，它会变得越来越宽，有时候发散时长能达到半分之多。在这道绿边的上方，你往往还能观察到熟悉的绿色日珥，随着落日西沉，它似乎正沿着日轮边缘向上滑动，有时候它甚至会脱离日轮，独自闪烁几秒，然后才会消失。（图119）

　　这种现象通常会持续几秒。不过在条件极为有利的情况下，它持续的时间可能长得多。有人记录过持续5分钟以上的案例，那轮太阳沉入了远处的一座山后面，快步行走的观察者看到，那道绿边仿佛正在顺着山坡往下滑（图119）。

绿光

图119　对"绿光"的延时观察；有人在山区观察到的绿光持续了5分钟之久
右上角：通过小望远镜看到的"绿光"，日轮边缘有些凹凸不平
1. 太阳耀眼的光芒阻止了我们直接用裸眼观察绿光
2. 只有等到太阳几乎完全落入地平线下，裸眼才能看到"绿光"

在日出时（也就是日轮的上边缘刚刚从地平线上冒出来时）目击"绿光"的案例更具启发性，因为它推翻了一种常见的说法：绿光其实并不存在，它只是眼睛盯着明亮的落日时因疲劳而产生的视幻觉。顺便说一句，太阳并不是唯一一种会出现"绿光"的天体。金星沉入地平线时也会产生绿光。（你可以在 M. 明纳尔特的杰作《大自然中的光和颜色》里找到关于海市蜃楼和绿光的更多内容。）

拓展延伸

1. 看 3D 电影需要佩戴 3D 眼镜，它和普通眼镜的区别在哪儿？

2. 如果光在所有介质中都是瞬时传播的，望远镜和显微镜还有用吗？

3. 高铁的行驶速度很快，但我们透过车窗看到的风景飘过的速度却是正常的，这是为什么？

4. 你能够在温带地区看到海市蜃楼吗？

5. 直播现在已经成为社交软件常见的互动方式，有时你会发现，直播画面中的文字反了过来，这是为什么？

6. 很多电影里都有"镜子"的桥段，如李小龙主演的《龙争虎斗》、莱昂纳多·迪卡普里奥主演的《盗梦空间》，看看主角们是怎么在镜子制造的迷宫里破局的吧！

7. 透过清澈的水面，你能看到小鱼儿在里面游动，请问小鱼儿的真实位置在哪儿？

第九章

视觉

摄影术发明之前

　　现在摄影术如此常见，你很难想象我们的先辈是如何在没有它的情况下生活的，哪怕这只是一个世纪以前的事。查尔斯·狄更斯在《匹克威克外传》中讲过大约100年前的英国典狱官是怎么给人"画像"的，这是一个有趣的故事。故事发生在匹克威克造访的一处债务人监狱。有人告诉匹克威克，他必须坐在那里等人给他"画像"。

　　"干坐着等人'画像'！"匹克威克先生说道。

　　"我们会给您'画像'，先生。"那位敦实的狱卒回答，"我们这儿的人都是'画像'的老手。几乎不费什么时间，保证像你。请进吧，先生，就当是在自己家。"

　　匹克威克先生应邀走进去坐了下来，韦勒先生站在椅子后面小声抱怨，说这不过是另一种形式的检查，好让狱卒们分清犯人和访客。

"好啦，山姆，"匹克威克先生说，"我希望画家快点来。这地方太公开了。"

"他们要不了多久就会来的，先生，我敢打包票，"山姆回答，"这里有一面荷兰钟，先生。"

"我看到了。"匹克威克先生回答。

"还有一个鸟笼，先生。"山姆说，"笼中之笼，狱中之狱，对吧，先生？"

韦勒先生大发哲思之际，匹克威克先生注意到，他们已经开始"画像"了。那个敦实的狱卒离开大门坐了下来，时不时不经意地朝他瞥一眼。刚才放他进来的一个瘦高男人从衣摆下伸出手来，站在他对面，盯着他看了半天。第三位先生看起来相当暴躁，他显然是在喝茶时被打断的，因为他走进来的当口还在吞咽最后一点面包皮和黄油；现在他坐得离匹克威克先生很近，双手放在大腿上，仔细打量着他。还有两个人也在观察他，他们的表情都很严肃。匹克威克先生被他们看得十分心虚，他在椅子上坐立不安，但他一个字也没说，哪怕是对山姆，后者正靠在椅背上大发议论，一部分是评价主人眼下的情况，另一部分则是沉迷于挨个攻讦这些狱卒带来的巨大满足感，仿佛这是什么天经地义、顺理成章的事情。

直到"画像"完成以后，匹克威克先生终于得到通知，现在他可以进入监狱了。

213

更早的时候，这种可供记忆的"肖像"由一系列"特征"组成。普希金在《鲍里斯·戈都诺夫》里讲过，沙皇的布告是如何描述格里高利·奥特皮耶夫的："矮个子，宽胸膛；一只胳膊比另一只短；蓝眼睛，姜黄色头发；脸上和额头上各有一个疣。"今天我们不需要这样做了，只要提供一张照片就行。

很多人不会做的事

摄影术是在19世纪40年代被引入俄罗斯的，最初引进的是银版摄影术——这种将影像留存在金属板上的方法是达盖尔发明的，所以它又叫"达盖尔摄影术"。这种方法十分方便，模特必须在很长一段时间里保持静止——长达14分钟以上。"我的祖父，"彼得格勒的物理学家 B. P. 温伯格教授告诉我，"在相机前面坐了40分钟才拍了一张银版照片，而且这张照片不能翻印。"

但是，不需要画家的参与也能制作肖像，这看起来有点新颖过头了，所以大众花了相当长的一段时间才习惯了摄影术。1845年，俄罗斯的一本老杂志记录了一件十分有趣的轶事：

很多人仍无法相信，银版摄影术能自动生成肖像。一位先生来照相，主人（摄影师）请他坐下，然后调整镜头，插入银版，看了看表，就走开了。主人在场时，这位先生像生了根一样坐着一动不动。但他刚刚离开，来照相的人就觉得自己不用坐在原地了。他站起来，吸了一撮鼻烟，从各个角度检查了相机，凑到镜头前看了看，摇摇头喃喃自语："多奇妙啊。"然后他开始在房间里来回踱步。

主人回来以后惊讶地在门口站了一小会儿，然后喊道："你在干什么呀？我跟你说了坐着别动！"

"呃，我是坐着没动啊。你走了我才站起来的。"

"正是我走了以后，你才应该坐着别动。"

"既然你都走了，我为什么要坐着不动？"这位先生反问道。

今天我们当然不会这么幼稚。

但摄影术仍有一些很多人不了解的地方。顺便说一句，很少有人知道照片该怎么看。是的，这不像你想的那么简单，虽然如今摄影术已经问世了100多年，而且十分常见。但就连专业人士也不会用正确的方式看照片。

怎么看照片？

相机的光学原理和我们的眼睛一样。投射到毛玻璃显影屏上的所有物体都取决于镜头和物体之间的距离。如果用一只——注意这一点！——眼睛取代镜头，那你看到的东西和相机拍下的完全相同。所以，要想获得和直接观看物品一样的视觉体验，那么第一，你必须只用一只眼睛看照片；第二，你得把它放到合适的距离上。

说白了，用两只眼睛看照片，你得到的图像是平面的，不是三维的。这是我们自己的视觉缺陷。我们观看静止物体时，它在两只眼睛的视网膜上产生的投影并不完全相同（图120）。我们之所以能看到三维的图像，主要出于这个原因。我们的大脑会把两幅不同的画面合并成一幅三维图像——这也是立体镜的基本原理。如果物品本身是平面的——比如说一堵墙——那么两只眼睛会得到完全相同的感官图像，于是我们的大脑就知道了，这个物体真的是平的。

现在你应该意识到了，我们用两只眼睛看照片时犯了什么错。在这种情况下，我们强迫自己相信，眼前的图像是平的。用两只眼睛观看相当于单眼成像的照片，我们实际上阻止了自己看见照片真实的样子，因此摧毁了相机完美呈现的图像。

图120　左眼和右眼在很近的距离上看到的同一根手指

照片应该放多远?

我刚才提到的第二条规则——把照片放到离眼睛合适的距离上——也同样重要，否则你依然无法看到正确的影像。照片应该放多远? 要重现正确的图像，我们必须保证自己观看照片的视角等于相机镜头在毛玻璃显影屏上投影的视角，或者说，等于相机"观看"被拍摄物品的视角（图121）。因此，照片和眼睛之间的距离与物体和镜头之间的距离之比，应该等于照片上的图像尺寸与物体真实尺寸之比。换句话说，照片和眼睛之间的距离应该大致等于相机镜头的焦距。

图121　相机的角1等于角2

由于大部分相机的焦距是12至15厘米[①]，我们永远无法在合适的距离上观看照片，因为正常眼睛的焦距最短也有25厘米，相当于相机焦距的近2倍。钉在墙上的照片看起来也是平的，因为你的眼睛和它的距离比平时更远。只有眼睛焦距较短的近视者和儿童才能调整自己的视野，在很近的距离上观看物品，只有他

---

① 作者心目中的相机是他创作这本《趣味物理学》时的样子。

们才能欣赏到普通照片在合适的距离上单眼观看呈现的效果；当他们把照片放在12至15厘米的位置上，他们看到的图像不是平面的，而是立体的——和立体镜的效果一模一样。

我想现在你应该会同意我的意见，由于粗心大意，我们没有完全享受到照片带来的愉悦，但我们却常常将之归咎于照片没有生命。

放大镜的奇特效果

近视者能轻松地从普通照片中看出立体效果。视力正常的人又该怎么办呢？放大镜可以帮忙。透过双倍放大镜，视力正常的人也能获得和近视者一样的效果，你不用损害自己的视力就能看到立体的照片。

以这种方式看到的照片和我们在比较远的距离上透过双眼看到的照片区别很大。你几乎能看到立体的图像。现在我们知道了，透过放大镜单眼观看时，照片为什么常常突然变成立体的，虽然这种现象大家都知道，却没几个人能正确解释它背后的原因。关于这件事，本书的一位评论者曾在给我的信中写道："下次更新版本，请务必写一下，透过放大镜观看的照片为什么会变成立体的。因为我觉得那些用立体镜来解释的说法完全站不住脚。试着用一只眼睛看立体镜，所有理论都会告诉你，你看到的图像还是立体的。"

我确信你会同意，这并不能说明立体镜理论有什么漏洞。

从本质上说，玩具店里售卖的所谓"全景图"产生的奇妙效果也基于同样的原理。这种玩具实际上是一个小盒子，里面放着一张普通的照片——拍的是风景或者一群人——你需要透过放大镜用一只眼睛看照片，这本身就会产生立体效果。为了增强视觉效果，他们还常常把前景里的某些物体单独剪出来，放在照片前方合适的位置。我们的眼睛对近处的实体非常敏感，看远处的物体时，这种效果就远没有那么明显了。

放大照片

我们能不能拍出让视力正常的人不用放大镜也能正确观看的照片？可以，只要有一台配备长焦镜头的相机。你已经知道了，如果相机镜头的焦距是 25 至 30 厘米，那么它拍出来的照片在正常距离上用一只眼睛看起来就是立体的。

你甚至能拍出在一定距离上用两只眼睛看起来也不是平面的照片。你也知道，我们的大脑会把视网膜获得的两个完全相同的画面合并成一个。但是，物体距离我们越远，大脑要做到这一点就越困难。用 70 厘米焦距的镜头拍下的照片哪怕用两只眼睛一起看，景深也不会消失。

不过这样的镜头用起来不太方便，所以容我提出另一个办法：

放大普通相机拍摄的照片。这能增加相片呈现出应有效果的观看距离。用15厘米焦距镜头拍摄的照片只要放大四五倍，就足以获得我们需要的效果——你可以在60至75厘米外用两只眼睛同时看它。是的，照片看起来会有点模糊，但在这个距离上，你几乎察觉不到这件事。与此同时，在立体效果和景深方面，你只会获益多多。

电影院里最棒的位置

常去电影院的人很可能已经发现了，有的电影看起来特别清晰立体——有时候你甚至会以为自己看到的是真实的场景和活生生的演员。很多人误以为这种效果是电影本身自带的，但实际上，它取决于你坐在哪个位置。虽然拍电影的摄像机焦距非常短，但胶片投射到屏幕上时被放大了上百倍——而且你是在相当远的距离上用两只眼睛同时观看的（10厘米×100=1000厘米=10米）。你的观影角度等于摄像机拍摄电影的"观看"角度时，立体效果最好。

该如何计算这种理想角度下的最佳观影距离呢？第一，你必须选择一个正对银幕中央的位置。第二，你的座位和银幕之间的距离与银幕宽度之比必须等于摄像机镜头焦距与胶片宽度之比。摄像机镜头的焦距通常是35毫米、50毫米、75毫米或100毫米，具体取决于被拍摄的对象。胶片的标准宽度是24毫米。以75毫米焦距的镜头为例，我们可以算出比值：

距离/银幕宽度 = 焦距/胶片宽度 =75/24 ≈ 3

所以要计算你和银幕之间的理想距离，你可以用银幕的宽度，或者说银幕上投影的宽度，乘以3。如果银幕宽6步，那么最佳位置应该距离银幕18步。尝试各种立体效果设备时，请记住这件事，因为你很容易觉得立体效果是这件新发明制造出来的，但实际上它来自我们刚才描述过的那种效应。

致图画杂志读者

书本和杂志上刊登的照片自然拥有和原版照片一样的特性：它们在适当的距离上用单眼观看也会突然变成立体的。但是，由于拍照的相机焦距各异，所以你只能通过试错来寻找正确的距离。用手遮住一只眼睛，把图片放在一臂远的距离上。图片所在的平面必须垂直于视线，而且你睁开的那只眼睛必须正对图片中央。慢慢拉近图片，同时保持视线稳定，你可以轻松捕捉到它变得最立体的那个瞬间。

很多平时看起来模糊平面的图片在我推荐的观看方式下会变得清晰立体。你甚至能看到水的反光和其他类似的完全立体的效果。

让人惊讶的是，这么简单的事没多少人知道，哪怕100多年前的科普书里早就解释过它的原理。在《心理的生理学原理及如何运用这些原理训练、规范思维及对其病态状况的研究》一书中，威廉·卡彭特就提到过观看照片的正确方法：

值得一提的是，在这种观看方式下，会变得更立体的不仅仅是实体的物品——照片中的其他特征也会变得更加逼真，因此也更有说服力。这种效果在你观看画面中的静水时尤其明显，因为静水往往是照片里最让人不满意的部分：用双眼观看时，水面是不透明的，就像白色的蜡。但是当你闭上一只眼睛，它突然变得透明起来，而且有了深度，看起来漂亮多了。光的反射面——例如青铜或象牙——也有同样的效果，照片中这类物品的材质用一只眼睛看起来要比两只眼睛看到的逼真得多（除非照片本身是立体的）。

还有一件事我们必须注意。正如我们已经看到的，放大后的照片更逼真，缩小的照片就不行了。是的，小尺寸照片的对比度更明显，但它是平的，没法产生景深和立体效果。现在你应该能说出这背后的原因了：缩小照片，最佳观看距离也会随之缩小——一般来说，这个距离本来就已经够小了。

怎么看画？

从某种角度来说，我介绍的与照片有关的所有知识也同样适用于画。画也有最佳观看距离，只有在这个距离上，它们才会变得立体。画也是用单眼看的效果更好，尤其是小尺寸的画作。

"很久以前人们就已经知道，"卡彭特在同一本书中写道，"如果我们纹丝不动地盯着一张画看，而且观看的透视角度、光影效果和整体的种种细节都完全符合画家作画时的条件，那么你只用一只眼睛看到的效果要比两只眼睛看到的逼真得多；如果你仔细地屏蔽掉这幅画周围的物品，比如说，透过一根尺寸和形状都正合适的管子去看，那么这种效果还会得到进一步的加强。人们对这一事实的理解往往错得离谱。'我们用一只眼睛看到的效果，'培根爵士表示，'之所以比两只眼睛看到的更逼真，是因为单眼观看可以更好地凝练视力，让它变得更强。'其他作家也同意培根的看法，这些使用不同语言的人一致认为，只用一只眼的确能凝聚视力。但事实上，在不远不近的地方用双眼观看画面时，我们会迫使自己把它看成一个平面，但是当你闭上一只眼睛，你的头脑可以根据画面在这个视角下提供的种种线索和明暗对比自由发挥，所以当你凝视了一小段时间以后，整个画面可能会开始变得立体起来，甚至看起来像一座实体的雕塑。"

大尺寸画作缩小后的照片往往比原画更有立体感。这是因为原画的理想观看距离往往很远，照片被缩小以后，这个距离也会随之缩短，所以哪怕近看也有立体效果。

两个维度里的三维

我说的所有关于如何观看照片、画作和图片的知识都是真的，但这并不意味着要从平面的图片中看出景深和立体效果只有这一种办法。无论哪个领域——绘画、平面艺术或摄影——的每一位艺术家都致力于给观众留下深刻的印象，不管对方"站在什么视角"，他不能指望人人都能在合适的距离上用手遮住一只眼睛去观看每一件作品。

要将三维的效果赋予二维的作品，每一位艺术家都有很多办法，包括摄影师在内。远处的物体在双眼视网膜上留下的不同投影并不是景深的唯一标记。"空气透视"画家采用渐变的色调和对比度来让背景变得模糊，仿佛笼罩在一层透明的空气迷雾中，除此以外，他们还会利用直线透视来制造景深感。优秀的艺术摄影师也会遵循同样的原理，巧妙地选择光线、镜头和特定品牌的相纸，以此营造透视感。

适当地聚焦在摄影中也很重要。如果前景对比度很高，稍远的物体在"焦距以外"，很多时候只需要这样就足以营造出景深感。反过来说，当你调小光圈，让前景和背景拥有同样的对比度，就会拍出没有景深的平面图片。大体说来，一幅图片在观众心里留下的印象当然主要取决于艺术家的才能，好的图片能让观众忽略视觉感知的生理条件，有时候甚至违反几何透视法则，从两个维度里看出三维的效果来。

立体镜

为什么实体物品在我们眼里有三个维度，而不是两个？说到底，视网膜上的图像是平面的呀。所以我们为什么会看到几何实体的感官画面？原因有几个。第一，物体不同部位的不同光照让我们得以感知它们的形状。第二，我们会调节自己的眼睛，以清晰地感知物体不同部位的不同距离，这也是一个影响因素——如果物体所有部位与我们的距离完全相同，那它就是平面的，反之则不是。第三，这也是最重要的原因，实体物品在两只眼睛的视网膜上留下的影像是不同的，你只要盯着近处的一件物体，交替闭上左右眼，就能轻松证明这一点（图120和图122）。

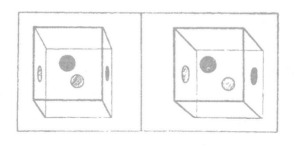

图122　左眼和右眼分别看到的有圆点的玻璃立方体

现在请想象同一件物品的两幅画面，其中一幅画面是左眼看到的，另一幅来自右眼。如果让每只眼睛都只能看到"自己"的那幅画面，那它们就不再是两幅独立的平面图，而是融合成了一幅立体图。由此产生的立体效果甚至比单眼观看实体物品时更强烈。

225

有一种名叫"立体镜"的特殊工具可以帮助我们实现这样的操作。老式立体镜用镜子来叠加成对的画面，比较新的款式用的是凸面玻璃棱镜。这些棱镜会略微放大成对画面，因为它们是凸面的，来自成对画面的光被棱镜折射，我们的眼睛却会按照直线反推它们的传导路径，将它们叠加到一起。

如你所见，立体镜的基本原理非常简单，但它产生的效果却很惊人。我想你们大部分人都看过各种各样的立体图。有人可能还用过立体镜来降低学习几何的难度。但我下面要介绍的立体镜用法，恐怕有很多人闻所未闻。

双眼视觉

事实上，只要能让眼睛习惯某种特殊的观看方式，不需要立体镜你也能从这种成对的画面中看出立体的效果来，唯一的区别是你看到的图像没有立体镜里那么大。立体镜的发明者惠特斯通只是利用了大自然赋予我们的这种特性。下面有几组不同难度的立体图，我建议你试着抛开立体镜，用裸眼看看它们。记住，你只有通过练习才能达成目标。（请注意，哪怕有立体镜，也不是每一个人都能看到立体图像：有人——斜视者或者习惯于单眼工作的人——就是没法进入双眼视觉模式，还有一些人必须经过长时间的练习才能适应。不过年轻人只需要一刻钟就能迅速完成调整。）

图123　盯着两个点中间的空白处看几秒钟，
你会发现这两个点似乎融合在了一起

　　从图123的两个点开始。盯着两个点中间的空白处，想象自
己是在看这个位置后方某个不存在的物体。很快你就会看到两对
四个点，而不是两个。然后最外侧的两个点会向外飞走，内侧的
两个点则会互相靠近，最后融为一体。用同样的方法凝视图124
和125，你看到的画面类似一根向远处延伸的长管子内壁。

图124　用同样的方法看这幅图，
然后再做下一步的练习

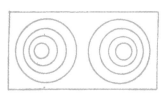

图125　这两幅图融为一体时，
你看到的画面类似一根向远处
延伸的长管子的内壁

　　然后请看图126，你会看到几个仿佛飘在半空中的几何体。
图127是一条长走廊或者隧道。图128会营造出水族箱透明玻璃
的效果。最后，图129会让你看到一幅完整的海景。

227

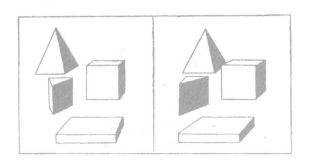

图126　这四个几何体分别融为一体，看起来像悬浮在空中

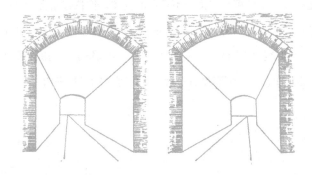

图127　这两幅画面描绘的是一条通往远处的长走廊

　　这几项练习都很容易成功。我的大部分朋友都能在尝试几次以后迅速掌握技巧。近视者和远视者不必摘下眼镜，只要遵循看图的一般方法就行。通过试错确定最佳观看距离。确保光线条件良好——这很重要。

　　现在，你可以试着抛开立体镜，去看普通的成对画面了。你或许应该先试试图130和图133。不要过度练习，以免视觉疲劳。

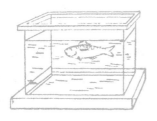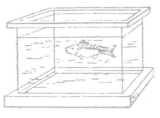

图128　水族箱里的一条鱼

图129　立体海景

如果掌握不了诀窍，你也许可以利用远视眼镜制作一个简单但相当实用的立体镜。把两个远视镜片并排嵌在一张硬纸板上，让使用者只能透过两个镜片的内侧观看。然后用隔板将两个镜片分开。

单眼和双眼

　　图130左上角的两张照片里有三个看起来大小完全相同的瓶子。再怎么努力你也看不出它们的尺寸有什么区别，但实际上的确有一个瓶子和另外两个不一样，它比较大。三个瓶子之所以看起来都一样，是因为它们和你的眼睛——或者说相机镜头——的距离不一样。大瓶子的距离比小瓶子远。但这三个瓶子里到底哪个比较大呢？再怎么看你也找不到答案。但是，要是有一个立体镜，或者你能学会双眼视觉，这个问题就会迎刃而解。你会清楚地看到，左手边的瓶子距离最远，右手边的瓶子最近。右上角的照片展示了三个瓶子的真实尺寸。

　　图130下方的成对立体图带来了更大的挑战。虽然画面中的花瓶和烛台看起来都一样大，但实际上它们的尺寸相去甚远。左边花瓶的高度差不多是右边那个的2倍，反过来说，左边的烛台比钟和右边的烛台都要小得多。双眼视觉直接揭露了原因。这些物体不在一条线上，它们和相机之间的距离很不一样。大的物品放得比小的远。这两个例子很好地说明了双眼视觉相对于单眼视觉的巨大优势！

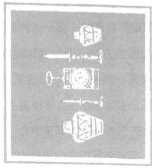

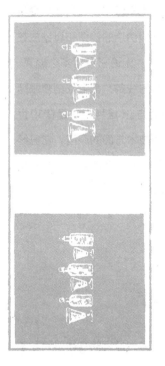

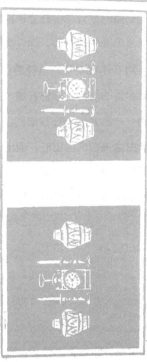

图130

231

鉴伪

假设你有两幅一模一样的画，比如说，它们画的是两个完全相同的黑色方块。透过立体镜去看，它们会融为一体，变成和两幅原画一模一样的一个方块。如果两个方块中间各有一个白点，那它也会出现在立体镜里的方块中间。但是，如果其中一个方块上的白点略微偏离了中心，那么立体镜里的白点还是只有一个——但它会出现在方块的前方或后方，反正不会落在方块上。哪怕最细微的差异也会在立体镜中制造出景深感。这为我们提供了一种简单的鉴伪方法。你只需要把疑似伪造的钞票和真钞放在一起，用立体镜观察，就能检测出假钞，无论它造得多么逼真。任何最细微的差异，哪怕只是一根小小的线条，都会立刻被眼睛捕捉到——它会出现在钞票的前方或后方。（这种方法是在19世纪中叶由达夫首次提出的，但出于印刷技术方面的原因，它已经不再适用于现在发行的某些钞票，但他的方法还能用来区分一页书的两份样本，如果其中一份是重新再版的。）

巨人眼里的世界

如果一件物体距离很远，超过450米，那它的立体效果基本就看不出来了。归根到底，我们双眼之间的距离只有6厘米，比起450米来实在太小。难怪远处的建筑、山和风景看起来都是平的。正是出于这个原因，所有天体看起来都一样远，虽然月球实际上比行星近得多，行星又比恒星近得多。当然，这样拍下来的成对立体图哪怕放到立体镜里也不会变成立体的。

　　不过，这个问题有个简单的办法可以解决。只需要在两个位置上分别拍摄远处的物体，确保这两个位置之间的距离大于我们的双眼间距就行。由此产生的立体感相当于大幅增加了双眼之间的距离。立体的风景图实际上就是这样拍出来的。这种图片通常需要透过放大（凸面）的棱镜观看，视觉效果非常震撼。

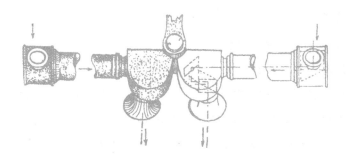

图131　立体望远镜

　　你可能已经猜到了，我们可以用两个小望远镜，让周围的风景变得立体起来。这种名叫"立体望远镜"的设备由两个望远镜组成，它们之间的距离比正常的双眼间距远。两幅图像通过反射棱镜叠加到一起（图131）。

　　使用立体望远镜的感觉非常特别，很难用文字形容。大自然换了副模样：远处的山突然变成了立体的；树木、岩石、建筑和海上的船只全都变成了三维的；所有东西不再是扁平静止的；普通望远镜看到的船只是海平线上一个静止不动的点，但现在它动起来了。传说中的巨人眼里的世界很可能就是这样的。如果立体望远镜的放大倍数是10倍，两组镜片之间的距离是双眼间距的6倍（6.5厘米×6=39厘米），那么和

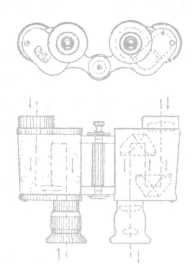

图132　棱镜式双筒望远镜

裸眼相比，你透过它看到的画面立体感增强了60倍（6×10）。哪怕物体远在25千米以外，它看起来依然相当立体。对土地勘测员、海员、炮手和旅行者来说，这种设备算是一种恩赐，尤其是在配合测距仪使用时。蔡斯棱镜式双筒望远镜也有同样的效果，因为它的两组镜头之间的距离大于正常的双眼间距（图132）。反过来说，观剧望远镜的镜头距离没有这么远，所以它会削弱图像的立体感——这样才能让舞台上的装饰和布景呈现出应有的效果。

立体镜里的宇宙

如果我们将立体望远镜对准月亮或者其他任何天体，也完全看不到立体的图像。这是自然的结果，因为哪怕对这样的设备来说，天体的距离也实在太远。毕竟，相对于地球和行星之间的距离来说，两个镜头之间30至50厘米的距离小得微不足道。哪怕两个望远镜之间的距离长达几千上万千米，我们也没法得到想要的结果，因为行星远在几千万千米之外。

这时候就轮到立体摄影术出场了。如果我们今天给某颗行星拍一张照片，明天再拍一张。两张照片都是在地球上的同一个位置拍的，但如果把参照系换成太阳系，它的拍摄位置就变了，因为从今天到明天的24个小时里，地球会在轨道上运行几百万千米。所以这两张照片是不一样的。如果放到立体镜里，它们会产生立体效果。如你所见，地球的公转让我们得以拍摄天体的立体照片。请想象一颗巨大的头颅，它的双眼间距长达几百万千米，这能帮助你理解天文学家利用立体摄影术获得的非凡效果。月亮上的山脉在立体照片上显得如此逼真，科学家甚至能测量它们的高度。看起来就像某位巨人雕刻家用魔法凿子将生命注入了月球死气沉沉的平面风景里。

今天，人们利用这种立体摄影术来寻找火星和木星轨道间成群结队的小行星。就在不久前，天文学家还觉得能发现一颗小行星真是太幸运了。现在只需要观察宇宙中这个部分的立体照片，你就能完成这个任务。立体照片能让你一下子就看到小行星，它会自己"跳出来"。

立体照片不光能帮助我们分辨天体的不同位置，还能区分它们的亮度。天文学家可以利用这种便利的方式跟踪所谓的"变星"，它们的亮度会发生周期性的波动。一旦某颗恒星的亮度发生变化，立体照片能帮助我们在第一时间把它找出来。

天文学家还能拍摄星云的立体照片（仙女座和猎户座）。由于太阳系太小，拍不出这样的照片，天文学家只能利用我们的星系在星空中的位移来完成任务。多亏了宇宙中的这种运动，我们才总能从新的观察点仰望星空。只要拍摄的时间间隔够长，这样的变化甚至能被相机捕捉到。这样一来，我们就可以制作成对的立体照片，并把它们放到立体镜里去观看。

三眼视觉

别以为这是口误，我想说的真的是三只眼。但一个人怎么能用三只眼睛看东西呢？还有，人真能获得第三只眼吗？

科学不能赐予你我第三只眼，但它能让我们体会到三眼生物的视觉感受，很神奇吧。首先，请容我说一句，只有一只眼睛的人可以通过立体照片体验到他在正常情况下得不到的立体感。为了达成这个目标，我们必须将本应由左眼和右眼分别观看的两张照片快速地依次投影到屏幕上，以模仿正常人用两只眼睛同时观看的效果。

因为快速更替的视觉图像会融合成一张，和两幅画面同时出现的效果一样。（电影有时候会呈现出非常逼真的"景深"，除了之前介绍的原因以外，这可能也是原因之一。摄像机镜头平稳移动时——这通常是靠卷片机实现的——镜头中的物体不可能一成不变，它们被快速投影到银幕上时，我们就会看见一幅三维的图像。）

既然如此，拥有两只眼睛的人是不是可以用一只眼睛观看快速切换的两张照片，同时用另一只眼睛观看从另一个角度拍摄的第三张照片？或者换句话说，有没有"三位一体"的立体镜？答案是肯定的。一只眼睛通过快速切换的立体成对图像看到一幅立体画面，同时另一只眼睛观看第三张照片，这种"三眼"视觉会将立体感推向极致。

立体的闪光

图133中的立体成对图像描绘了一个多面体，其中一张图片是黑底白线，另一张则是白底黑线。它们在立体镜里看起来会是什么样子？亥姆霍兹是这样说的："如果某个特定平面在立体成对的两张图片里分别是白色和黑色，那么合成后的图像看起来像在闪光，哪怕印制这些图片的纸是哑光的。晶体模型的立体图片制造出了石墨闪闪发光的效果。这种技法能增强立体照片里水面的闪光、叶子的反光和其他类似的效果。"

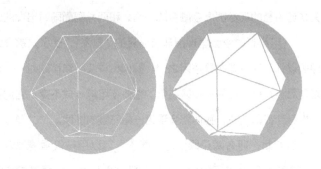

图133　立体的闪光。这组图片在立体镜下会变成黑色背景上一颗闪光的晶体

　　1867年，俄国生理学家谢切诺夫出版了一本书，题为《感官的生理学：视觉》。在这本虽然古老但远远谈不上过时的书里，我们找到了对这种现象的精彩解释。

　　通过立体视觉人为地将亮度或颜色不同的表面融为一体，这些实验复现了我们在实际生活中看到闪光物体时的情况。哑光表面和晶亮的抛光表面到底有什么区别呢？前者会反射、散射光线，所以无论你从哪个角度观察，它的亮度都是一样的；但抛光表面只会朝一个方向反射光线。因此，你可能一只眼睛接收了大量反射光，另一只眼睛却几乎没有看到光——和黑白表面立体融合的效果一模一样。显然，必然存在这样的情况：当你盯着晶亮的抛光表面看，反射光在两只眼睛里的分布并不均匀。这样一来，立体闪光的出现，证明了两幅画面在我们眼中融为一体的过程中，我们的经验起着决定性的作用。只要我们脑子里经验丰富的视觉处理设备有机会将自己看到的自相矛盾的画面归结为现实中某种熟悉的情况，它一定会将这种感觉转化为坚定的信念。

我们之所以会看到闪光的物体，是因为——至少部分因为——两只眼睛的视网膜上形成了不同的图像。如果没有立体镜，我们恐怕很难猜透这件事。

透过火车车窗观察

刚才我提到过，同一个物体的不同图片快速切换时会融为一体，产生立体感。这是否只适用于我们静止不动、观看移动画面时的情况？如果画面不动，我们自己动，效果会一样吗？是的，我们会得到同样的效果，这是意料中的事。很多人可能已经注意到了，在火车上拍摄的影片看起来特别立体——和立体镜的效果一样好。乘坐飞驰的火车或汽车时，如果用心感受一下自己的视觉体验，我们也能亲眼看到这种效果。风景一下子变得格外生动，前景和背景泾渭分明。速度大大增加了眼睛的"立体半径"，远远超过了静止时450米的双眼视觉上限。

这是否解释了透过火车车窗看到的风景为何格外怡人？远处的物体退到一边，我们清晰地看到无垠的美景在眼前展开。火车在森林中穿行，每棵树、每根树枝、每片叶子在我们眼里都是立体的，而不是像静止的观察者看到的那样统统融在一幅平面的图景里。在山间公路上飞驰也能制造出同样的效果。起伏的山丘和山谷立体生动得仿佛触手可及。

单眼人士也能享受到这种效果——我敢保证，这是一种全新的体验，正如我们之前提到过的那样，和快速切换图片产生的立体效果完全相同。（顺便说一句，在转弯的火车上对着转弯半径内的物体拍摄的电影胶片之所以会有明显的立体效果，也是出于这个原因。摄影师都知道这种"轨道效应"。）

要验证我的说法非常简单。只需要在下次乘坐汽车或者火车时，注意体会一下自己的视觉感受。你可能还会注意到另一件惊人的事，差不多100年前，达夫就提到过这一点——但大众却彻底把它忘了，这才是真的惊人！——眼前闪过的物体离你越近，它看起来就越小。这倒是和双眼视觉没什么关系，只是因为我们错误估计了距离。亥姆霍兹是这样解释的：大脑下意识地告诉我们，在立体的画面中，近处的物体虽然看起来和平时一样大，但它实际上更小一些。

透过有色眼镜观察

透过红色镜片去看白纸上的红字，你只能看见一片红色的背景。文字完全从你的视野中消失了，融入了红色的背景。但透过同一枚红色镜片去看白纸上的蓝字，你会发现字变成了黑的——但背景还是红的。为什么字会变黑？原因很简单。红色镜片不能透过蓝光，它之所以是红的，是因为它只能透过红光。所以你看到的不是蓝色的字母，而是没有光的字母，或者说黑色字母。

所谓的彩色浮雕效果——和立体照片的效果一样——正是基于有色玻璃的这一特性制造出来的。在彩色浮雕图中，本来应该由左眼和右眼分别观看的两张图片被叠加在一起，这两幅图的颜色不一样——其中一幅是蓝色的，另一幅是红色。

透过一副左右眼颜色不同的眼镜去看，彩色浮雕图会变成一幅三维的黑色图像。右眼透过红色镜片只能看到蓝色的图像——这本来就是为右眼准备的——而且它会变成黑的。与此同时，左眼透过蓝色镜片只能看到专门为它准备的红色图像——也会变黑。每只眼各自只能看到专门为自己准备的一幅图，和立体镜一样，所以结果也一样——你看到了有景深的立体图像。

"奇迹影子戏"

一度在电影院里流行的"奇迹影子戏"也是基于我们刚才介绍的原理。观众戴上左右眼颜色不同的眼镜，移动的物体投射到银幕上的影子就会变成三维的画面。这种效果是通过双色立体视觉实现的。投影物被放在银幕和红绿两个相邻的光源之间。这会

241

产生两个部分重叠的彩色影子，观众可以透过颜色匹配的镜片分别看到它们。

由此产生的立体视觉效果非常有趣。物体仿佛正朝着你飞过来，一只巨型蜘蛛朝你爬了过来，你情不自禁地浑身发抖或者尖叫。这种把戏需要的设备非常简单。图134画出了它的原理。在这幅示意图中，G 和 R 代表绿灯和红灯（左）；P 和 Q 代表放置在灯和银幕之间的物体；pG、qG、pR 和 qR 是这两件物体在银幕上投下的彩色影子；P_1 和 Q_1 是观众透过不同颜色的镜片看到的画面——G 是绿色镜片，R 是红色镜片。银幕后面的"蜘蛛"从 Q 点移动到 P 点时，观众会觉得它从 Q_1 爬到了 P_1。

大体来说，每当银幕后面的物体向光源移动时，它在银幕上的投影就会变大，观众会觉得这件物体从银幕方向朝自己移动了。

观众看到的所有从银幕方向朝自己移动的物体实际上在银幕的另一面，正在朝相反的方向运动——从银幕移向光源。

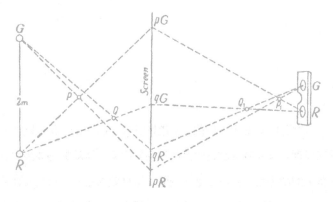

图134 "奇迹影子戏"解谜

242

神奇的变形

我认为现在我们应该介绍一下彼得格勒一家休闲公园的科学娱乐馆安排的一系列引人深思的实验。这家科学馆的一个角落布置成了客厅的样子。家具上搭着深橘色的套子，绿色粗呢台面的桌子上放着一个装满蔓越莓果汁的玻璃瓶和一个插着鲜花的花瓶，书架上摆满了书，书脊上印着彩色字母。

观众首先看到，这间"客厅"的照明来自普通的白色电灯。等到普通的灯光关闭，红灯亮起，橘色的套子会变成粉色，绿色桌布变成了深紫色；与此同时，蔓越莓汁失去了自己的颜色，看起来就像一壶水；花瓶里的花的色调也变了，看起来和原来不一样；书脊上的某些字母也消失了。然后红灯熄灭，绿灯亮起。这间"客厅"又换了副模样。

这个神奇的变形实验诠释了牛顿的色彩理论，这套理论的核心观点是，物体的表面会呈现出它散射的颜色，而不是它吸收的颜色，后者是牛顿的同胞、著名的英国物理学家约翰·丁达尔提出的观点："在一间黑屋子里，用一束凝聚的白光照射新鲜的树叶，如果用一片紫色的玻璃挡住白光，树叶就会从绿色变成红色，撤掉紫色玻璃，它又会从红色变回绿色，这种惊人的现象……是光线被吸收所造成的。"

因此，绿色桌布在白光下之所以看起来是绿的，是因为它散射了大部分绿光和光谱上与绿光相邻的部分光线，同时吸收了其他所有颜色的光。如果我们用红色和紫色的混合光照射这块桌布，它只会散射紫光，同时吸收大部分红光，于是它会变成紫色。科学馆"客厅"里的色彩变化主要出于这个原因。

但蔓越莓汁在红光下为什么会失去颜色呢？因为盛放果汁的玻璃瓶摆在绿色桌面的白色杯垫上。只要我们拿开杯垫，果汁就会变成红色。它之所以会（在红光下）失去颜色，完全是因为白色杯垫的映衬——杯垫在红光下变成了红色，但我们的大脑认为它还是白的，一部分出于习惯，另一部分源于紫色桌布的对比。既然果汁的颜色和杯垫一样，我们就会觉得它也是白的，所以它看起来不再是红色的果汁，而是无色的水。透过有色玻璃镜片观察周围，你也能获得同样的视觉效果。

这本书有多高？

请一位朋友把一本书竖着拿在手里，让他猜猜这本书如果放在地板上会有多高。然后验证一下他的说法。他肯定会猜错，书的高度其实只有他说的一半。此外，最好叫他别弯腰把书放到地上去比画，而是在你的帮助下用很多个字给出答案。你也可以用其他熟悉的物品来做这个游戏，比如说一盏台灯，或者一顶帽子，总之是一件通常出现的高度和你的眼睛大致平齐的物品。人们之所以会弄错，是因为所有东西竖着看都会变小。

钟楼表盘

我们常常弄错高于头顶的物体的尺寸，尤其是钟楼上的表盘。哪怕我们知道塔上的钟实际上很大，但我们估计的尺寸还是会比它的实际尺寸小得多。图135画出了伦敦著名的威斯敏斯特大钟放到地面上的大小，普通人在这面钟旁边看起来就像个小矮人，但它真能嵌进远处钟楼上的孔里——不管你信不信！

图135 威斯敏斯特大钟的尺寸

黑与白

远远地看一看图136，说说下面的点和上面的任意一个点之间能放进去几个黑点。四个还是五个？我敢说，你肯定会这样回答："呃，应该不够放五个点，但四个肯定够。"

不管你信不信——你可以亲自试试！——这个空间只够放三个点，不能再多了！同等大小的黑色块看起来比白色块小，这叫"辐照错觉"。这种视错觉源自人眼的一个缺陷：作为一种光学仪

245

器，它不能严格满足光学要求。眼睛里负责折射的介质不能在视网膜上投下边缘锐利的轮廓，就像聚焦良好的相机投在毛玻璃屏幕上的那样。在球面像差的影响下，任何拥有明亮边缘的明亮色块投影到视网膜上都会被放大，所以同等大小的亮区看起来总是比暗区大。

伟大的诗人歌德——虽然他是善于观察大自然的学生，但却不是足够谨慎的物理学家——在《论色彩学》里讨论过这种现象：

图136　下面的点与上面任意一点之间的距离看起来大于上面两个点外轮廓之间的最远距离，但实际上这两个距离完全相等

　　同等大小的深色物体看起来比浅色物体小。如果我们同时观看黑色背景上的白点和白色背景上的黑点，尽管二者直径相同，后者看起来还是会比前者小1/5左右。按照这个倍数把黑点放大一点，它们看起来就一样大了。如果将新月补成一个完整的圆形，填补上去的部分看起来会比月亮的暗区大——有时候我们能看到这个区域（"新月抱旧月"时，我们会看到月亮的暗区发出暗淡的灰光——作者注）。要是穿上深色的裙子，我们看起来会比穿亮色的衣服苗条。从物体边缘照射过来的光似乎有压缩的效果。对着烛火看一把尺子，你会觉得尺子边缘与烛火重合的位置有点凹陷。日出和日落似乎也会让地平线凹陷。

歌德说的基本都对，唯一的问题是，白点看起来比黑点大的比例并不是固定的。它完全取决于你在多远的距离上观看这两个点。为什么？你只需要把图136挪远点再看就会明白。辐照错觉变得更加明显，因为我们之前提到的"额外的轮廓"始终存在，在近处，它会让白色的区域放大10%；到了远处，它会占据白色区域30%甚至50%的面积，因为色块本身的图像随着距离的增加而变小了。这也解释了当你退开两三步去看图137，白色的圆点为什么会变成六边形。要是退到六步或八步以外，这幅图还会变成典型的蜂巢状。

 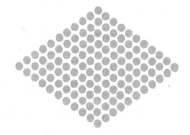

图137 在一定距离以外观看，图中的白色圆点会变成六边形

图138 在一定距离以外观看，图中的黑点会变成六边形

自从我注意到白色背景上的黑点（图138）从远处看也会变成六边形以后，我就对辐照错觉这个解释不太满意了，不过辐照并没有放大这些黑点，反而让它们看起来显得更小了。我必须说的是，对视错觉的解释通常不能完全让人满意。事实上，大部分视错觉还没有得到解释。

图139让我们看到了人眼的另一种瑕疵——这次是"散光"。用一只眼睛看,这四个字母的亮度并不完全相同。选出你认为最黑的那个字母,然后把图像旋转90度,你会发现这个字母突然变灰了,"最黑"的头衔跑到了另一个字母身上。事实上,这四个字母的亮度完全相同,不同的只是阴影条纹的图形而已。如果我们的眼睛像昂贵的玻璃镜头一样完美无缺,条纹的差异就不会影响我们对字母亮度的判断。但是,由于人眼对不同方向的光折射方式并不完全相同,所以我们不能一视同仁地看待竖线、横线和斜线。

人眼很难完全克服这个缺陷。有的人散光特别严重,明显削弱了视力的准确性,必须佩戴特殊的眼镜来矫正。我们的眼睛还有其他缺陷,光学仪器商知道该怎么避免。所以亥姆霍兹才会说:"要是哪个光学仪器商敢把瑕疵如此严重的仪器卖给我,我会非常严厉地责备他,然后有理有据地把仪器退回去。"

除了这些由于眼睛本身的缺陷而产生的视错觉以外,还有很多视错觉出自完全不同的其他原因。

图139 只用一只眼睛看这个单词,
你会发现里面有一个字母看起来更黑些

凝视肖像

你很可能有过这样的经验：凝视一幅肖像时，你觉得画里的人不但直勾勾地看着你，而且他的眼睛还会跟着你转。很久以前就有人注意到了这种现象，很多人为此迷惑，有的人甚至深感不安。伟大的俄国作家尼古莱·果戈理在《肖像》一文中对此做出了精彩的描述："那双眼睛直勾勾地盯着他，仿佛只想看他一个人。画像里的人不理会周围的所有东西，径直看着他，一直看到他心里。"

这种神秘的凝视演绎出了诸多迷信和传说。事实上，它只是一种视错觉。奥秘在于这些肖像的瞳孔都画在眼睛的正中间——和现实中别人直视你的时候一样。如果一个人的视线不在你身上，那他的瞳孔和整个虹膜就会偏离正中的位置，挪到一边。但无论你走到哪里，肖像画里的瞳孔始终位于眼睛中央。由于肖像里那张脸和你的相对关系始终不变，所以你自然觉得肖像里的人正转过头来盯着你看。这也解释了同类的其他图片带来的奇怪感觉——无论你多么努力地试图躲避，画里的马看起来总像是正朝你直冲过

图140　神秘的肖像

来；那个人的手指总是指着你，诸如此类。图140就是一幅这样的图片。人们常常利用这种效应来做广告，或者完成其他宣传任务。

其他视错觉

图141里的大头针看起来很正常，对吧？但是，如果你把书举到和眼睛齐平的高度，蒙上一只眼，让视线顺着大头针移动，最终停留在它们虚拟的延长线交点上，你会发现这些大头针突然变成了完全竖直的。你一旦转头，它们似乎也会朝同一个方向摇摆。

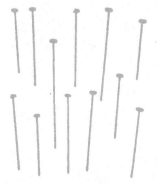

这种视错觉由透视法则主宰。这幅图实际上画的是观察者在特定点上看到的竖直大头针在纸面上的投影。

我们不应该把视错觉简单地看作视力的缺陷。它确实能带来好处，虽然这常常被人忽略：要是没有视错觉，我们就会失去绘画这门艺术，也无法从精美的画作中得到任何乐趣。艺术家极大

图141　用一只眼睛（蒙上另一只眼）凝视这些大头针虚拟的延长线交点，你会发现它们突然变成了竖直的。慢慢左右平移看本，你会觉得大头针也在随之摇摆

地依赖于人类视力的这些缺陷。

"绘画艺术完全基于这种错觉，"18世纪的杰出学者欧拉在他著名的《关于各种物理话题的信》中写道，"如果完全依照事物的本质来判断，这门艺术（绘画）就不会存在，我们也都成了盲人。画家会徒劳地调色，因为我们会说，这里是红色，那里是蓝色，这边是黑色，那边还有白点。所有东西都在一个平面上，没有距离感，任何物体都无法被描绘出来。不管画家想表现什么，落到我们眼里都和纸上的字迹无异。有了这样的完美条件，我们就会被剥夺令人愉悦又有用的艺术品每天带来的快乐，难道这不值得同情吗？"

视错觉有很多种，足以填满画册。大部分视错觉很常见，也有一些鲜为人知。我会讲几个冷门的有趣案例。图142和图143画的是格纹背景上的线条，它们带来的视错觉特别明显。你就是怎么都没法相信，图142里的字母一点都不歪；更难相信的是，图143里的圆不是螺旋。要验证这一点，唯一的办法是拿铅笔顺着圆周画一圈。只有圆规才能告诉你，图144里的直线 AC 和 AB 一样长，虽然后者看起来更短。图145、图146、图147和图148的视错觉解释都在图注里。下面这件趣事让我们看到，图147带来的视错觉是多么逼真。这本书之前某个版本的出版商检查版面的时候，还以为这幅图印错了，要不是我及时插手解释了这个问题，他差点儿把书退给印厂，让他们把白条纹相交点上的灰印子都给擦掉。

图142　这些字母不是歪的

图143　这幅图看起来像一个螺旋，实际上这些弧线都是圆圈，
你可以用铅笔顺着它画一圈

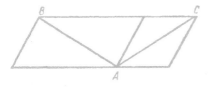

图 144　*AB* 等于 *AC*，虽然 *AB* 看起来更长

图 145　这条斜线看起来像是断了

图 147　白色条纹相交的地方看起来像有模糊的灰色方块，但实际上没有。要验证这一点，你可以用一张纸把黑色方块遮起来再看。这种视错觉是反差造成的

图 146　白方块和黑方块一样大，白点和黑点也一样大

图 148　黑色条纹相交的地方似乎有若隐若现的灰色方块

253

近视

近视者如果不戴眼镜，视力就很差。但近视者眼里的世界到底是什么样子，他又是怎么看世界的，视力正常的人对这些问题的理解往往相当模糊。因为近视的人很多，所以大家应该有兴趣了解他们看世界的方式。

首先，在近视者眼里，所有东西都是模糊的。视力正常的人能看到树叶和树枝——它们都清晰地映衬在天空这个背景上；近视者却只能看到一团绿色，他看不到具体的细节。人脸会显得更年轻、更有吸引力；眼角的鱼尾纹和其他小瑕疵都不见了；高原红和化妆品涂抹的腮红都一样是淡淡的红晕。他可能错误估计人们的年龄，误差可能高达20岁之多。在视力正常的人看来，他对美的品味也很奇怪。他直勾勾盯着别人的眼睛看，却认不出来对方是谁，这可能显得非常失礼。但这不能怪他，全都是近视的错。

"法国的预科班，"19世纪的俄国诗人德尔维格曾经写道，"不准戴眼镜，所以我觉得那些女性朋友看起来都很迷人。毕业后我真是吓了一大跳！"近视的朋友（不戴眼镜）跟你聊天时，他其实看不清你的脸；或者说，至少他看到的不是你以为的那个样子。他眼里的你一片模糊。难怪隔了一个小时他就认不出你来了。大部分近视者认人不是靠外表，而是靠声音。更准确的听觉弥补了视力的不足。

你想知道近视者在晚上会看到什么吗？所有明亮的物体——

路灯、台灯、明亮的窗户，诸如此类——都会被放大，周围的世界成了一片形状不定的亮块组成的混沌森林，间或掺杂着模糊的深色剪影。面对一排路灯，近视者看到的不是两三个巨大的亮斑，而是整条街都被灯光笼罩。他看不到正在靠近的汽车，只能看到车头灯投下的两团明亮的光晕和紧随其后的暗影。就连天空也变得不一样了。近视者只能看到最亮的三四个星等，所以他看不到几千颗星星，只能看到几百颗，而且每一颗都大得像灯泡一样。月亮看起来特别巨大，而且很近，新月则如梦似幻。

近视者的问题来自眼睛的结构：他们的晶状体变厚了，来自遥远物体的图像会聚焦在视网膜前方，这些光抵达视网膜时已经再次分散，所以只能留下模糊的投影。

拓展延伸

1. 你的身边有远视的朋友吗？如果有，问下他们，远视者眼中的世界是怎样的？

2. 红旗在蓝光下会呈现出什么颜色？

3. 我们要怎样才能获得童话里巨人的视角？

4. 为什么看画时最好闭上一只眼睛？

5. 怎样才能拍下天空的立体图片呢？

第九章

视觉

10

第十章

声音和听觉

寻找回声

马克·吐温讲过一个很有趣的故事，一个爱好搜集——你永远都猜不到——回声的男人遭遇不幸的故事。这位怪人不遗余力地买下了每一块能产生多重回声或其他不寻常的天然回声的土地。

他买下的第一件战利品是佐治亚的一块土地，那里的回声能重复四次；第二件是马里兰的六重回声；再下一件是缅因州的十三重回声；然后是堪萨斯的九重回声。接下来他又在田纳西买了个十二重回声，这块地他可以说买得很便宜，因为土地维护情况很差，反射回声的峭壁已经塌了一部分。他相信只要花上几千美元就能把它修好，还能通过增加回音壁的高度获得额外的三倍回声，但实施这项工程的建筑师从来没修过回音壁，结果彻底浪费了这块地。在他动手瞎搞之前，回音壁还会像丈母娘一样回嘴，可是现在，它只能装点聋哑人疗养院了。

撒开玩笑不谈，的确有一些地方——主要是山区——能产生清晰的多重回声，这种现象令人着迷，有的地方甚至因此久负盛名。下面介绍几个著名的回声景点。英国的伍德斯托克城堡回声能相当清晰地重复17个音节。哈尔贝施塔特附近的德朗堡城堡废墟原来能重复27个音节，但后来它的一面墙塌了。捷克斯洛伐克阿德尔什帕赫附近的岩石环谷里有一个位置的回声能将7个音节重复三次，但只要走开几步，哪怕你开一枪也无法激起任何回声。米兰附近的一座城堡在拆毁前回声效果也很好，从城堡侧翼的窗户里朝外面开一枪，枪声能重复40至50次，要是你大声说一个词，有时候也能重复30次。

图149　这样没有回声

要寻找哪怕一个清晰的回声也不是那么容易的事。苏联在这件事上有一定优势，因为这个国家有很多被树林围绕的开阔平原和林中空地，在这样的地方大喊一声，林地边缘的树墙总能制造出或清晰或模糊的回声。山区的回声比平原地区更多样化，但出现的概率要小得多，而且更难捕捉。为什么会这样呢？因为回声的本质不过是被障碍物反射回来的一串声波而已。声音遵循和光一样的反射定律：它的入射角等于反射角。

想象你站在一座小山脚下（图149），回音壁 *AB* 的位置比你高。沿着 *Ca*、*Cb* 和 *Cc* 传播的声音自然不会被反射到你的耳朵里，而是顺着 *aa*、*bb* 和 *cc* 的方向散落在空气中。如果回音壁和你位于同样的高度，甚至略低一点，就像图150里的情况一样，你就会听到回声。声音会顺着 *Ca* 和 *Cb* 传播，然后沿着折线 *CaaC* 或 *CbbbC* 回到你这里，中途可能会在地面上反弹一到两次。你和回音壁之间的洼地就像一面凹面镜，它会让回声变得更加清晰。如果 *BC* 两点之间的地面向上隆起，回声就会变得非

图150　这样才有清晰的回声

常微弱，甚至完全无法传到你耳朵里，因为隆起的地面会散射声音，就像凸面镜散射光线一样。

要在崎岖的地形里捕捉回声，你必须掌握一定的诀窍，还得懂得如何制造回声。首先，不要站得离障碍物太近。声波必须传播足够远的一段距离，不然的话，回声就会出现得太早，和原声混在一起。由于声音传播的速度是340米/秒，所以只需要站在85米以外，回声就会在0.5秒后传回你的耳朵里。尽管每个声音都有自己的回声，但不是每个回声都能清晰地被人听见，这取决于它是森林里野兽的吼叫，还是吹响的号角，或是隆隆的雷声，又或是女孩的歌声。声音越大、越突然，回声就越清晰。掌声最容易产生回声。人声就没那么合适了，尤其是男人的声音。女性和儿童高亢的嗓音产生的回声比男人的清晰。

以声为尺

有时候你可以利用声音在空气中的传播速度来测量某个触摸不到的东西离你有多远。儒勒·凡尔纳在《地心游记》中提供了一个这方面的案例，两位旅行者在探索地底时迷了路，教授和他的侄子走散了。他们大声喊叫，当他们终于听到对方的声音以后，发生了如下对话。

261

"叔叔。"我（侄子）喊道。

"我的孩子。"他迅速回答。

"我们应该弄清楚现在我们相距多远，这是最重要的事。"

"这不难。"

"你随身带着计时器吗？"我问道。

"当然。"

"啊，那你把它拿出来。喊一声我的名字，同时开始计时。我听到你的声音就立刻回答，然后你再记下听到我声音的准确时间。"

"很好，这样一来，从我开口到你回答，我的声音传到你那里需要这么长时间……"

"你准备好了吗？"

"是的。"

"唔，我要叫你的名字了。"教授说道。

我把耳朵凑到洞壁附近，听到他叫"哈里"，我立即转头对着洞壁重复了一遍自己的名字。

"40秒，"叔叔说，"两个词之间间隔了40秒。那么声音单边的传播时间是20秒。考虑到声音每秒钟能传播1020英尺（约311米），现在我们相距20400英尺（约6218米）——相当于一又八分之五里格①。"

---

① league，英制长度单位，约等于3英里，或者说4800米。

现在你应该能回答这个问题了：如果我看到了火车鸣笛时冒出的烟雾，又在1.5秒后听到了汽笛的声音，那么火车头和我之间的距离有多远？

声镜

总的来说，森林里的树墙、高耸的栅栏、建筑物、山和其他能产生回声的障碍物其实都是"声镜"，因为它们反射声音的方式和平面镜反射光线的方式一模一样。

也有能聚焦成串声波的凹面声镜。只要有两个汤盘、一块表，你就能安排下面这个引人深思的实验。在桌上放一个汤盘，把表举到离盘底几厘米的高度，再把另一个盘子放到你的耳朵旁边，如图151所示。如果这三个物体的位置合适——通过试错确定——你会觉得表的滴答声仿佛是从你耳边那个盘子里传出来的。闭上双眼能增强这种幻觉，单靠耳朵你根本无法分辨自己到底哪只手拿着表。

中世纪的城堡建造者经常拿

图151　凹面声镜

263

声音玩小花招，他们会把一尊半身像放在凹面声镜的焦点上，或者放在墙壁里隐藏的传声管道的出口处。图152出自16世纪的一本书，里面画的正是这样的案例。拱形天花板会将来自传声筒的所有声音聚焦到半身像的嘴唇上；隐藏在墙壁里的巨型砖砌传声筒会把庭院里的声音传到某个画廊墙边的大理石像处。雕像会说话或者会唱歌的幻觉就是这样营造出来的。

图152　会说话的雕像（出自阿塔纳修斯·基歇尔的一本书，1560年）

剧院里的声音

喜欢看戏、听音乐会的人都很清楚，剧院的声学效果有的很好，有的很糟糕。有的剧院能把演讲和音乐清晰地传到相当一段距离以外，有的剧院哪怕坐得很近都听不清楚。

不久前人们还认为，剧院声学效果的好坏完全取决于运气。现在建筑者已经找到了一些抑制负面混响的途径和方法。虽然我不打算在这个话题上多做展开，因为恐怕只有建筑师才感兴趣，不过请容我强调一句，避免声学缺陷的途径主要是创造吸收多余声音的表面。

敞开的窗户吸收声音的效果最好——就像孔洞吸收光线的效果最好。顺便说一句，估算消声效果时，我们采用的标准单位是一平方米敞开的窗户。观众自身吸收声音的效果也很棒，每个人大约相当于半平方米敞开的窗户。"观众真的能把演讲者的话听'进去'。"一位物理学家这样说过。如果没有能听进去话的观众，演讲者也真的会很困扰。

声音被过度吸收也不是什么好事儿，因为第一，这会削弱演讲和音乐的声音；第二，这还会过度抑制混响，让声音听起来显得单薄脆弱。正如我们看到的，一定程度（既不长也不短）的混响是有益的。每座剧院需要的混响程度各不相同，负责设计的建筑师必须对此做出估算。

从物理学的角度来说，剧院里还有一个有趣的地方，那就是提词厢。提词厢的形状总是一样的——你有注意过吗？这是物理学决定的。提词厢的天花板是一面凹面声镜，它承担着双重功效：第一，避免提词员说的话被观众听到；第二，把提词员的声音反射到舞台上的演员耳朵里。

海底回声

回声原本毫无用处，直到人们想出了一种利用回声探勘海洋深度的办法。这项发明的问世纯属意外。1912年，巨型远洋轮船"泰坦尼克号"与冰山相撞，乘客几乎全数罹难。导航员曾经想过在雾中或夜间利用回声探测航路上的障碍物，虽然这方面的尝试没有成功，但人们由此想到，可以利用海底的回声探测海洋的深度，这是个好办法。

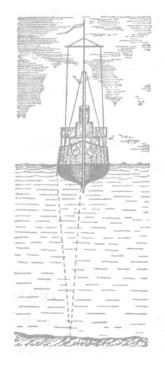

图153　回声测深

图153描绘了这种方法的具体操作步骤。人们在龙骨附近的船壳外引爆雷管，发出一个尖锐的信号。爆炸声穿过海水到达海底，然后被反射回来。这道回声，或者说反射回来的信号，会被安装在船壳上的一台灵敏仪器记录下来。精密的计时器会记下从发送信号到接收回声的时间间隔。只要知道声音在水里的传播速度，我们就能轻松算出海面到回音壁的距离，或者换句话说，确定海洋的深度。

回声测深彻底改变了人们测量水深的方式。按照以前的办法，要测量水深，首先得让船停下来，这个过程往往非常烦琐。人们以每分钟150米的速度缓慢地释放缆绳，然后还得花同样长的时间把它收回来。比如说，测量3千米的深度大约需要45分钟时间，而回声测深只需要几秒钟就能得到同样的结果。此外，我们不需要停船，得到的数据也更准确，误差绝不会超过1/4米——只要计时误差不超过3/1000秒。

对海洋学研究来说，准确测量深海区的深度非常重要；与此同时，要在浅海区安全地航行，我们也离不开快速、可靠、准确的测深方法，尤其是在近岸水域。

今天，人们在测深时使用的不是普通的声音，而是高强度的"超声波"，这些声音我们听不见，因为它们的频率高达每秒几百万赫兹。这些声音来自石英板（压电石英）在快速变化的电场中产生的振动。

蜜蜂为什么会发出嗡嗡声？

真的，为什么？归根结底，大部分昆虫没有专门的发声器官。你只有在蜜蜂飞行时才能听到嗡嗡声，这是蜜蜂挥动翅膀的声音，它们振翅的频率高达每秒几百次。蜜蜂的翅膀相当于一块振动的板子，只要振动的速度够快——超过每秒16次——任何板子都能发出有明确音调的声音。

在蜜蜂的启发下，科学家开始注意飞行中的昆虫振翅的速度。

267

要确定昆虫每秒振翅的速度，只需要知道它们嗡嗡飞舞的音调就行，因为每个音调都有它独特的振动频率。在慢速相机（第一章里提到过）的帮助下，科学家证明了同一个物种的每只昆虫在任何情况下振动翅膀的频率都大致相同；要控制飞行参数，它调整的只是振翅的"幅度"和翅膀倾斜的角度；只有在天气寒冷时，它才会增加每秒挥动翅膀的次数，所以蜜蜂的嗡嗡声听起来总是一个调子。比如说，普通家蝇——它发出的嗡嗡声是 F 调的——每秒振翅352次。大黄蜂每秒振翅220次。蜜蜂不携带蜂蜜时每秒振翅440次（A调），背着蜂蜜时只有330次（B调）。甲虫发出的声调很低，它们振翅的频率要慢得多。反过来说，蚊子每秒振翅500至600次。作为比较，请容我提一句，飞机螺旋桨的平均转速只有每秒25转。

幻听

如果你听到一阵很低的噪声，不知出于什么原因，你想象它来自很远的地方，这时候你会突然发现，噪声听起来比原来大多了。这种幻觉十分常见，但很少有人注意到它。下面的有趣案例出自美国科学家威廉·詹姆斯的著作《心理学》。

某天深夜，我正坐在那里阅读，突然听见楼上传来一阵噪声，可怕的巨响淹没了整间屋子。然后声音变小了一点，可是片刻之后，它又卷土重来。我走到客厅里去听，噪声却消失了。等我回到房间里的座位上，它又出现了，低沉，厚重，警醒，就像正在上涨的洪水，或者狂风的先驱。它无处不在。我吓了一大跳，赶快跑回客厅里，可它又再次消散了。等我第二次回到房间里，我发现那不过是一只趴在地上睡觉的苏格兰小梗犬的呼吸声。值得一提的是，当我发现声音的真实来源，它在我脑子里立即换了一副面目，再也不是先前的样子了。

你有没有遇到过这种事？很可能有，我自己就遇到过不止一次。

蚱蜢在哪里？

我们常常误判的不光是声音的距离，还有声源的方向。我们可以相当准确地分辨枪声是来自左边还是右边（图154），但往往说不准它来自前面还是后面（图155）。我们常常误以为前方响起的枪声来自后方。在这种情况下，我们只听得出它是近是远——判断的依据是枪声的大小。

这里有个引人深思的实验。蒙上一位朋友的眼睛，让他坐在房间中央。请他坐着别动，也不要转头。然后取两枚硬币，在他

图154 开枪的位置在哪里？右边还是左边？

图155
开枪的位置在哪里？
前面还是后面？

双眼中点所在的垂直平面上互相敲击，让他猜猜这个声音来自哪里。出人意料的是，他可能指向任何位置，却绝不会指向你。不过，只要你离开这个对称平面，他的猜测就会变得准确多了，因为他靠近你的那只耳朵听到声音的时间会略早于另一只耳朵。

　　顺便说一句，这个实验解释了寻找一只正在鸣叫的蚱蜢为什么那么难。你觉得它高亢的叫声来自右边两步以外。你转过头去，却什么都没看见，现在你听到蚱蜢的叫声从左边传来。这回你转头的动作更快了，但还是没发现这位音乐家的踪迹。事实上，蚱蜢根本没动。只是你以为它跳走了，你被听觉幻象骗了。

你的错误在于转头，这个动作让蚱蜢占据了你头部的对称平面。正如你已经知道的，这会让你无法判断声音的方向。所以，如果你想找到蚱蜢、布谷鸟，或者其他任何类似的遥远的声源，请不要朝着声音传来的方向转头，而是朝着相反的方向，顺便说一句，这才是"竖起耳朵"的正确方式。

耳朵的把戏

嚼面包干时，我们会觉得自己咀嚼的声音很大。但不知道为什么，旁边的人嚼面包干你却听不到什么声音。这是怎么回事？因为咀嚼的声音只有你自己能听见，不会打扰到别人。重点在于，和所有有弹性的固体一样，我们的颅骨是声音的优良导体。传播声音的介质密度越大，你最后听到的声音就越响。旁边的人咀嚼面包干的声音通过空气传到你耳边时已经变得非常微弱，但同样的声音通过颅骨传到听觉神经时却会变得十分响亮。

跟着下面的步骤做。用牙叼住怀表的表环，然后捂住自己的耳朵。你的颅骨会将怀表的滴答声放大很多倍，让你觉得自己听到了重锤不断往下砸的声音。

传说失聪的贝多芬能将手杖的一头放在钢琴上，自己咬住另一头，以这种方式听到琴声。根据同样的原理，只要内耳没问题，失聪的人也能跟着音乐跳舞。音乐可以通过地板和颅骨传到听觉神经里。

腹语术和它的"神奇"效果全都基于我们刚才介绍的听觉的特殊性质。

腹语术营造的幻觉完全基于一个前提：我们无法判断声音的方位和距离。正常情况下我们只能大概判断一下。一旦我们发现周围的环境不太正常，在判断声音来源时我们就已经犯了大错。听腹语者表演时我也不能摆脱听觉幻象的影响，哪怕我清楚地知道这是怎么回事。

拓展延伸

1. 夏天蚊子在耳边的嗡嗡声能让人直起鸡皮疙瘩，它是怎么发声的呢？

2. 骨传导耳机是新近发明的科技好物，它的原理是什么？

3. 降噪功能的好坏是大家选择耳机时衡量的重要标准，那么，降噪是如何实现的？

4. 开动脑筋，想想生活中有哪些场合需要应用回声，而哪些场合则要尽可能地规避回声？

5. 不知道你有没有这种感觉：自己听到的声音和录下来的自己的声音很不同，想想这是为什么？

（全文完）

趣味物理学

作者 _ [苏]雅科夫·伊西达洛维奇·别莱利曼   译者 _ 阳曦

产品经理 _ 黄迪音   装帧设计 _ 吴偲靓   产品总监 _ 李佳婕
技术编辑 _ 顾逸飞   责任印制 _ 梁拥军   出品人 _ 许文婷

营销团队 _ 王维思

果麦
www.guomai.cn

以 微 小 的 力 量 推 动 文 明

图书在版编目(CIP)数据

趣味物理学 / (苏) 雅科夫·伊西达洛维奇·别莱利
曼原著; 阳曦译. -- 昆明: 云南美术出版社, 2021.10 (2024.6重印)
ISBN 978-7-5489-4664-9

Ⅰ.①趣… Ⅱ.①雅… ②阳… Ⅲ.①物理学-青少
年读物 Ⅳ.①O4-49

中国版本图书馆CIP数据核字(2021)第181173号

责任编辑：梁媛 洪娜
责任校对：肖红 黎琳 邓超
产品经理：黄迪音
装帧设计：吴偲靓

趣味物理学

【苏】雅科夫·伊西达洛维奇·别莱利曼 原著　　　阳曦 译

出版发行：云南美术出版社（昆明市环城西路 609 号）
制版印刷：河北鹏润印刷有限公司
开　　本：880mm×1230mm 1/32
印　　张：8.75
字　　数：230 千字
版　　次：2021 年 10 月第 1 版
印　　次：2024 年 6 月第 9 次印刷
印　　数：45,001 − 48,000
书　　号：ISBN 978-7-5489-4664-9
定　　价：55.00 元
版权所有 侵权必究
如发现印装质量问题, 影响阅读, 请联系 021-64386496 调换。